する117系"名古屋仕様車"の新快速。国鉄メークの117系4連。岐阜ー木曽川間　平成元年3月12日

。上り蒲郡行き新快速

「表示新快速」、指差確認する車掌さんの担当列車は国鉄クの117系、名古屋行き新快速。岡崎　平成22年3月17日

新快速の主役は311系（左）になっていたが、JR東海カラーをまとった117系（右）との共演も昔語り。岡崎　平成22年3月17日

東海の快速列車
117系 栄光の物語

東海の快速列車　117系栄光の物語

国鉄末期〜JR東海発足時の鉄道路線図 ……… 4

国鉄改革の"功労車"
117系「東海ライナー」
東海道本線の快速に颯爽とデビュー ……… 6
- コラム 「リニア・鉄道館」に保存されている117系 …… 9
- 国鉄VS名鉄 ライバル決戦が本格化 ……… 10

117系が走った鉄路（みち） ……… 11
- 東海道本線　浜松―米原間 ……… 12
  - コラム 日本初の民衆駅・豊橋駅 ……… 13
  - コラム 名古屋副都心の交通拠点"金山総合駅" … 15
  - コラム 平成元年は鉄道の殿堂・名古屋駅 三代目駅舎が輝いた ……… 16
  - コラム 117系の特別快速 ……… 17
- "美濃赤坂線" 大垣―南荒尾信号場―美濃赤坂間 ……… 19
- 中央本線（西線）　名古屋―南木曽間 ……… 20
  - コラム 中央本線を走ったスカイブルーの103系 … 23
- 飯田線　豊橋―元善光寺間 ……… 24
  - コラム JR化後も豊川鉄道時代の駅舎が現役だった豊川駅 ……… 25
  - コラム 臨時快速「佐久間レールパーク号」 ……… 26
- 関西本線　名古屋―亀山間 ……… 27

117系改造のジョイフルトレイン「トレイン117」 ……… 28

"中京快速"に活躍した急行形電車 ……… 30

国鉄名古屋オリジナルカラーで登場した211系0番台 ……… 32

国鉄改革の"功労車"・JRシティ電車の礎
117系 栄光の物語 ……… 33
- 第1部 東海地方の国電前史 ……… 34
  - コラム 国電80系は電気機関車の予算を削って新製された！ ……… 39
- コラム 高性能ロマンスカーを続々開発した名鉄 … 41
- コラム ライバル名鉄の戦術 ……… 45
- コラム "関西新快速"カラーの153系が "中京快速"に活躍 ……… 49

- 第2部 117系開発の経緯と車両概要 ……… 50
  - コラム 飯田線は"流電"晩年の舞台 ……… 54
  - コラム JR西日本 吹田総合車両所本所とJR東海「リニア・鉄道館」で保存展示中の"流電" ……… 55

"私鉄風国電"117系が登場 ……… 59

大阪鉄道管理局仕様　117系の主要諸元 ……… 63

大阪鉄道管理局仕様　117系の車両形式図 ……… 64

- 第3部 "私鉄風国電" 117系が名古屋にも参上 ……… 66

国鉄名古屋鉄道管理局～JR東海 117系"名古屋仕様車"および関連略史 ……… 76

名古屋鉄道管理局仕様　117系の車両形式図 ……… 78

国鉄名古屋鉄道管理局～JR東海 117系の編成の変遷 ……… 80
- コラム JR東海 117系のコスチューム ……… 81

特別寄稿　117系誕生の背景
東海圏の"117系"の思い出
須田 寛（JR東海相談役） ……… 82

"本家"117系が活躍する光景 ……… 88
- 東海道本線・山陽本線（関西地区） ……… 88
- 福知山線 ……… 89
- 湖西線 ……… 90
- 山陰本線 ……… 91
- 草津線／奈良線 ……… 92
- 和歌山線・紀勢本線 ……… 93
- 山陽本線　岡山・下関地区 ……… 94

目 次

団体列車に活躍する117系の勇姿 ………… 96
- コラム 115系3000番台の中間電動車を務める117系改造の115系3500番台 …… 96

JR西日本に継承された"本家"117系 その後の動向 ………… 97
- コラム 117系と115系の折衷型のような115系3000番台 …… 102

国鉄大阪鉄道管理局〜JR西日本 "本家"117系および関連略史 ………… 108

国鉄大阪鉄道管理局〜JR西日本 117系の編成の変遷 ………… 112

117系 全車両の車歴表 ………… 122
- コラム 117系最後の勇姿 …… 128
- コラム 117系がベースの特急形185系 …… 128

伊勢路で頑張る韋駄天列車 快速「みえ」ど根性物語 ………… 129
- コラム 特別仕様のパワーアップ車キハ58系5000番台 …… 134

快速「みえ」および関連略史 ………… 140
- コラム 関西本線の伝統列車 急行「かすが」 …… 141

東海道本線・武豊線を走った電車型気動車 キハ75形・キハ25形の勇姿 ………… 142
- コラム 新しい舞台の高山本線・太多線で活躍するキハ75形 …… 144

快速列車にも活躍した "生活気動車"懐かしの名場面 ………… 145
- コラム JR東海キハ40系・キハ11形の動向 …… 147

ひたちなか海浜鉄道へ嫁いだキハ11形 ……… 148

〈特別企画〉日本の衣裳で頑張ってます! ミャンマーで第二の人生を送る 元JR東海の気動車 齊藤幹雄 ……… 149

- コラム かつてはJR東海の高山本線も走行したマレーシア・ボルネオ島の元名鉄キハ8500系 …… 155

JR東海 快速電車のバラエティ ………… 156

東海道本線 武豊線 ………… 156
- コラム 東海道本線でも活躍する313系3000番台・特別快速仕業も! …… 157

中央本線(西線) ………… 158
- コラム 懐かしの通勤快速 …… 158
- コラム 思い出の「セントラルライナー」 …… 159

関西本線 ………… 160
- コラム 211系0番台 懐かしの優等仕業 …… 160
- コラム 関西本線の主役だった213系5000番台 …… 161

JR東海の快速電車に活躍する車両たち ………… 162

211系 ………… 162

311系 ………… 164
- コラム お宝写真 211系0番台と311系の混結8連 …… 164

313系 ………… 164
- コラム お宝写真 懐かしの中央本線(西線)近郊電車 …… 168

東海の快速列車120年 名古屋都市圏 快速列車および関連略史 ………… 169

東海道本線 ………… 169

中央本線(西線) ………… 172

関西本線 ………… 173

あとがき ………… 175

■特記以外の写真撮影:徳田耕一

国鉄末期～JR東海発足時の鉄道路線図

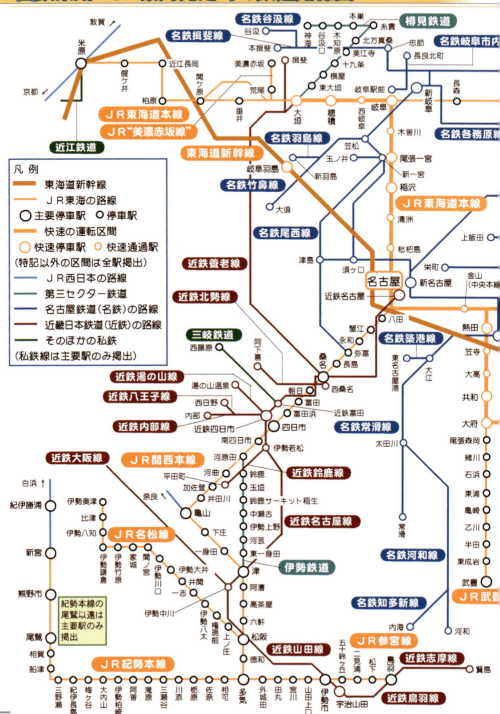

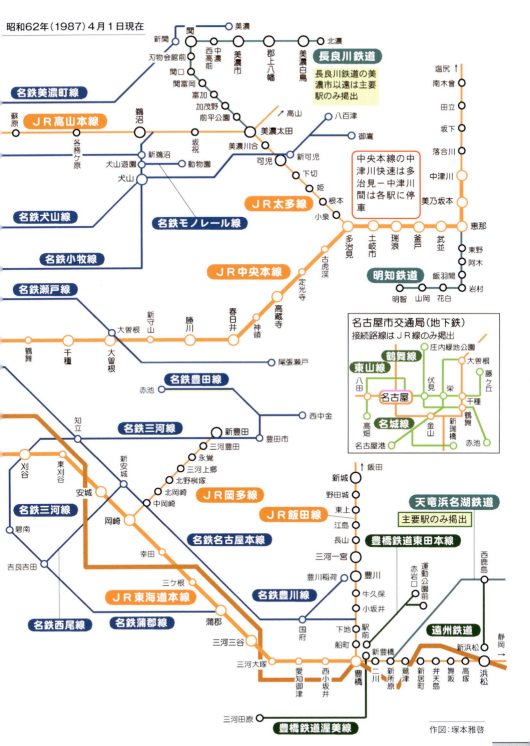

国鉄改革の

一般試乗会の時に挙行された「東海ライナー」新鋭117系電車の発車式。名古屋駅　昭和57年2月20日

かつて名古屋都市圏の鉄道は私鉄王国の感があり、横綱相撲をとる名鉄や近鉄に対し、国鉄は長距離輸送がメインで昔ながらの"汽車"の印象が強かった。名古屋の近郊輸送では両社の補完路線にすぎず、昭和30年(1955)夏以降、快速は姿を消していた。

ところが、昭和46年(1971)春、東海道本線に都市圏快速列車が復活。ダイヤはまだ"汽車型"だったが、ライバルの攻勢が厳しい中でもそれなりに健闘し、国鉄にも光が見えてきた。その後、国鉄は地道に都市圏ダイヤの整備を進め、昭和57年(1982)春には東海道本線の快速に"関西新快速"で人気の117系を投入。「東海ライナー」の愛称で活躍したが、車内設備は特急の普通

117系「東海ライナー」東海道本線の快速に颯爽とデビュー

"功労車" 117系「東海ライナー」東海道本線の快速に颯爽とデビュー

国鉄名古屋に光をあてた117系。登場時は1編成6両、「東海ライナー」の愛称で東海道本線 浜松－大垣間の快速をメインに活躍。快走する名古屋仕様の117系の輝く姿。下り大垣行き快速。木曽川－岐阜間　昭和57年7月23日

車並みにもかかわらず、特急料金不要の大サービスは大好評を博し、当時"中京の雄"として自負する名鉄を驚かせた。

117系こそ私鉄王国＝名古屋の国鉄改革に貢献した"功労車"だが、民営化移行前の昭和61年(1986)秋のダイヤ改正では"国電型のパターンダイヤ"も実現。その後は名鉄との逆転現象も起き、ＪＲ東海は"名古屋の電車の雄"に躍り出たのである。

本書では、私鉄王国＝名古屋で国鉄の底力を発揮した快速列車にスポットをあて、民営化後の意気込みと、健闘した車両やダイヤの変遷を振り返り、国鉄名古屋～ＪＲ東海の都市圏輸送のメモリアルを回顧してみることにしよう。

座席は広幅の転換クロスシート。妻板、座席モケットは木目調で落ち着いたムードが漂い、特急普通車並みの車内アコモは大好評を博した。座席の枕カバーは昭和57年6月頃より順次装着。昭和57年10月24日

建設中の名古屋高速5号万場線の高架をバックに快走する下り快速117系6連。赤い名鉄電車と共演するシーンだが、側扉上部を白く塗った名鉄6000系グループ（手前4両）の姿も懐かしい。熱田－名古屋間（いずれも後追いで撮影） 昭和61年4月20日

名古屋駅に進入する下り大垣行き快速117系6連。画面左手は"昭和の名鉄城"ともいえる名鉄系の駅前ビル群、名鉄の牙城に挑む国鉄の意気込みが感じられる。昭和57年8月15日　写真：秋元隆良

名鉄は岐阜止まりだが、国鉄は大垣まで乗り換えなし。"汽車"の利点を活かしたサービスが国電にも継承され、「東海ライナー」も伝統のダイヤにのった。揖斐川橋梁に挑む大築堤を疾駆する下り大垣行き快速117系6連。穂積－大垣間　昭和59年10月7日

共和駅を発車した上り浜松行き快速。「東海ライナー」登場当時の快速は毎時1往復の設定だった。昭和57年5月24日

「リニア・鉄道館」に保存されている117系

　ＪＲ東海が名古屋市港区金城埠頭に平成23年(2011)3月14日開館した鉄道博物館、「リニア・鉄道館」～夢と想い出の鉄道ミュージアム～には、晩年の4両編成時代のＳ1編成のうちの3両、クハ117-30＋モハ117-59＋クハ116-209が休憩施設を兼ね野外展示中。

　Ｓ1編成は、平成10年(1998)12月17日付けで廃車、車体塗装はクリームとマルーンの国鉄色に戻し、平成22年(2010)11月に同館へ搬入。クハの種別幕は「新快速」を掲出している。

117系は野外展示のため3形式を連結、手前からクハ117-30＋モハ117-59＋クハ116-209で、車内は幌で貫通。種別幕は晩年の「新快速」を掲出

休憩施設のため車内は出入自由。クーラーは荷棚に店舗・家庭用を設置

運転席は仕切りガラスから覗くことができる

並行する国鉄東海道本線と名鉄名古屋本線。先行する名鉄パノラマカー7500系6連の上り美合行き急行(左手前)を追撃する国鉄の上り浜松行き快速117系6連(右後方)。名古屋－熱田間 昭和57年5月28日

国鉄VS名鉄 ライバル決戦が本格化

117系は一部の普通列車にも投入。名鉄栄生駅構内で待機するパノラマカー7000系4連の新名古屋始発豊橋行き特急と顔を合せた、下り大垣行き普通117系6連。名鉄特急は座席指定(有料)だが、一部は未改装車を使用。昭和57年5月17日(名鉄係員立会いで撮影)

座席は既存品ながらもモケットがカラフルな生地に張り替えられ、枕カバーを1人区分化し布製カバーが被せられた第1次特急車化改装車の車内。新川工場 昭和57年2月23日

名鉄は国鉄の117系を意識し、昭和57年2月22日から順次、名古屋本線の特急に7000系4両固定編成車の一部を改装した"白帯車"を投入。当初は改装整備の都合で全特急をカバーできなかった。"白帯車"が活躍する下り新岐阜行き特急。国府宮－島氏永間(後追いで撮影) 昭和58年6月9日

117系「東海ライナー」東海道本線の快速に颯爽とデビュー

117系が走った鉄路

117系は"汽車"と呼ばれてきた日本国有鉄道（国鉄）のイメージをガラリと変えた。旅客用側扉はデッキのない両開き2扉、座席は広幅の転換クロスシートを採用するなど、国鉄離れした私鉄風。

この"民営国電"は、東海道本線をメインに一時は中央本線（西線）の快速などにも活躍。民営化後しばらくすると中央本線（西線）での定期運用はなくなったが、晩年は臨時列車などで中央本線や飯田線、関西本線などにも入線した。本章ではその懐かしの光景をご覧いただこう。

景勝地、浜名湖をバックに走る117系4連。JR東海117系カラーの試験塗装をまとった電車が走る姿は、新会社の活力が感じられた。弁天島－新居町間（後追いで撮影） 平成元年11月23日

東海道本線　浜松－米原間

　名古屋都市圏の東海道本線で117系が使用された区間は、国鉄時代は当初、浜松－大垣・美濃赤坂間で、当時は1編成が6両(固定)で活躍した。

　昭和61年(1986)11月1日の民営化移行に伴うダイヤ改正からは、同4両化され米原まで拡大。ラッシュ時の輸送力列車には2編成連結の8連運用も加わり汎用性を高めた。いずれも快速をメインに活躍したが、風光明媚な浜名湖、躍進する大名古屋の街並み、ライバル名鉄電車とのツーショット、日本百名山の一つ伊吹山をバックにした光景などなど、その舞台は春夏秋冬、117系を輝かせたのである。

浜名湖第2橋梁を渡る上り浜松行き快速117系4連。民営化後しばらくは国鉄カラーのままで、"国電の華"が景勝地、浜名湖をバックに走った。新居町－弁天島間　平成元年2月14日

JR東海の第2次117系カラーをまとった同系4両＋4両の上り快速8連が浜名湖第3橋梁を渡る。新居町－弁天島間　平成22年8月29日

■ 117系が走った鉄路

東海道本線の撮影名所でもある星越山の大築堤を疾駆する国鉄カラーの117系4連、下り大垣行き快速。三河大塚－三河三谷間　平成元年1月30日

豊橋を発車した下り大垣行き快速が豊川放水路の橋梁に向かい築堤をダッシュする。並走する飯田線下りは名鉄名古屋本線下りとの線路共用区間、後方には後発の名鉄5700系下り急行の姿がチラリと見える。豊橋－西小坂井間　平成5年1月3日

117系は長大編成がよく似合う。三河山麓の丘陵地を4両＋4両の8連で快走する下り大垣行き普通。三河大塚－三河三谷間　平成22年9月18日

日本初の民衆駅・豊橋駅

　愛知県下第二の都市、豊橋。その玄関の豊橋駅は、国鉄時代は静岡鉄道管理局の管轄で、昭和25年(1950)3月には駅舎改築に合わせ、東口は駅施設に民間の商業施設も同居する日本初の民衆駅に整備された。

　その堂々たる木造駅舎も昭和45年(1970)7月に駅ビル化され、平成8年(1996)9月には橋上駅舎化。同10年(1998)2月にはペデストリアンデッキも完成し、市電の豊橋鉄道豊橋市内線がその下に乗り入れてきた。

橋上駅舎化前の豊橋駅東口の駅ビル、昭和の駅ビルは増改築され現在も現役だ。平成元年4月28日

春爛漫、沿線を彩る桜並木を眺めながらＪＲ東海第１次117系カラーに塗り替えられた４連の上り快速が三河路を走る。名鉄西尾線をアンダークロス、高架上の赤い電車は同線上り6500系４連。安城－西岡崎間　平成７年４月５日

平成元年夏、名古屋の街は「世界デザイン博覧会」で活気づく。東海道本線には新快速が登場し、名鉄は特急にハイデッカー展望車1000系「パノラマSuper」を投入して対抗。117系の上り新快速と名鉄1000系下り特急との顔合わせ。神宮前（名鉄）　平成元年７月19日

名古屋の市街を快走する117系４連の下り大垣行き快速。国鉄カラーの117系は４連化されても風格があった。熱田－名古屋間　昭和63年１月10日
写真：岸 義則

"名古屋の鉄道銀座"で共演する電車たち。左から東海道本線を走る上り金山行き快速117系8連。名鉄名古屋本線上下、中央本線上下の各列車。尾頭橋－金山間　平成20年5月19日

"金山台地"の掘割内を走る下り117系8連の普通列車。隣の名鉄電車は折り返し線で待機中の金山始発の常滑線下り普通6500系4連。金山－尾頭橋間　平成22年1月31日

名古屋副都心の交通拠点"金山総合駅"

　名古屋の副都心＝金山に、2社1局（JR・名鉄・名古屋市交通局の地下鉄）の金山総合駅が整備されたのは平成元年（1989）7月9日のこと。JR東海道本線に金山駅を新設し既設の中央本線金山駅と連絡橋で結び、名鉄の金山橋駅を新名古屋（現：名鉄名古屋）方に移転させて実現。構想から約20年、「世界デザイン博覧会」の開幕に合わせて開業した。

東海道本線の上下線の間を拡幅し、ホームのような盛り土が出現したのは昭和45年頃。現在の同線金山駅のルーツを通過する下り快速117系6連。昭和57年5月3日　写真：秋元隆良

地上の大連絡橋にはJRと名鉄の橋上駅舎が構える。東海道本線上り快速117系4連と名鉄名古屋本線下り急行5700系ほか8連がすれ違う。平成元年7月19日

東海道本線　浜松－米原間　■　15

東海鉄道事業本部が入居する"軍艦ビル"ことJR東海太閤ビルをバックに、名古屋駅に進入する117系8連。前4両は国鉄"新快速色"風復刻車。特急「しなの」383系と同「ひだ」キハ85系の姿も見える。平成24年3月1日

"お帰り電車"はゆったりシートの117系。ハイビームの前照灯を輝かせ名古屋駅に進入する夜の新快速。平成22年2月27日

瓦屋根の木造住宅には昭和の香りが漂う。土手を彩る満開の桜を眺めながら昭和生まれの117系が築堤を走る。上り新快速117系8連。枇杷島ー名古屋間（後追いで撮影）平成22年4月6日

平成元年は鉄道の殿堂・名古屋駅三代目駅舎が輝いた

名古屋では平成元年(1989)に「世界デザイン博覧会」が開催された。名古屋の玄関、昭和12年(1937)築の名古屋駅の三代目駅舎も外壁を磨き上げ、輝いていた。名古屋ターミナルビル、桜通口のモニュメント「飛翔」との組み合わせも懐かしい。

名古屋駅をはじめ駅前のビル群は光輝いていた。平成元年7月15日

117系は早朝の区間快速にも活躍した。名古屋へ向かう通勤客らを乗せて快走する4両+4両の上り区間快速8連。岐阜ー木曽川間　平成12年8月23日

枇杷島橋のトワイライト、帰宅を急ぐ通勤通学客を満載した下り快速が庄内川を渡る。夕陽と117系国鉄"新快速色"風復刻車とのコラボは温かみを感じさせる。名古屋ー枇杷島間　平成23年5月20日

愛知と岐阜の県境に架かる木曽川橋梁を117系の上り快速が疾駆する。岐阜ー木曽川間　平成7年2月11日

117系の特別快速

　東海道本線に停車駅の少ない特別快速が新設されたのは、名古屋駅の新しい駅ビル「JRセントラルタワーズ」の開業を控えた平成11年(1999)12月4日のダイヤ改正。最高時速120km運転を実施するため313系か311系を使用し、足の遅い117系の定期運用はなかった。

　しかし、平成12年(2000)9月の東海豪雨による車両運用の都合で、突如117系がピンチヒッターを務めたことがあった。ただし、スピードは遅く、停車駅識別のための措置だった。

117系4連の下り特別快速、これは貴重な記録である。尾張一宮　平成12年9月13日　写真：村上 昇

東海道本線　浜松ー米原間　17

雪化粧した伊吹山をバックに117系4連の上りローカル列車が駆け抜ける。近江長岡－柏原間　平成22年2月7日

米原はJR東海とJR西日本の在来線の境界駅で北陸本線の始発駅でもある。同駅に到着した東海道本線117系下り普通と連絡をとる北陸本線475系下り普通。平成3年4月14日

関ケ原は名古屋近郊有数の豪雪地帯。細雪舞う近江長岡駅に進入する国鉄"新快速色"風復刻の117系4連の下り米原行き普通。平成23年1月28日　写真：徳田耕治

伊吹山山麓の春、春爛漫の近江路を走る117系4連の上り大垣行き普通。近江長岡－柏原間　平成22年4月8日

"美濃赤坂線"
大垣－南荒尾信号場－美濃赤坂間

　東海道本線の支線の通称"美濃赤坂線"は、大垣駅の西3.1kmに位置する南荒尾信号場で分岐し、その北方1.9kmの美濃赤坂を結ぶ単線電化の"盲腸線"。メインは貨物輸送で、美濃赤坂からは金生山の石灰石を運ぶ西濃鉄道が連絡。しかし、沿線は大垣市北西部の住宅地で、古くから旅客輸送も実施しており、117系が活躍した記録も残っている。

終点・美濃赤坂駅の駅舎は木造平屋建ててレトロなムードが漂う。同駅に停車中の117系の上り電車。昭和63年11月17日

美濃赤坂駅はちょっとした終着駅のムード、構内は広く、貨車が待機する側線も多い。昭和63年11月17日

"美濃赤坂線"をガタゴト走る上り117系4連。117系が活躍していた時代は名古屋直通快速も設定されていた。美濃赤坂－荒尾間　平成元年3月14日

中央本線(西線) 名古屋-南木曽間

中央本線(西線)の名古屋-中津川間は名古屋近郊のシティ電車区間。同区間でも117系が活躍したことがある。民営化移行を踏まえた昭和61年(1986)11月1日の国鉄最後のダイヤ改正で、117系は先頭車18両を新造増備。編成本数を6両9本から4両18本に倍増、愛称を「シティライナー」に変え、全編成が大垣電車区から神領電車区に移籍した。

中央本線では快速を113系から117系に置き換え、車両のグレードアップが実現。しかし、沿線は名古屋の衛星都市として急激に発展。2扉・クロスシート車はラッシュ時に使いにくく、平成元年(1989)3月11日のダイヤ改正で3扉・ロングシートの211系5000番台と交代。同線から117系の定期運用はなくなった。ちなみに117系は早朝、"山線"の中津川-南木曽間にも1往復入線したが、営業運転は上り名古屋行き1本のみ(下りは回送列車)だった。

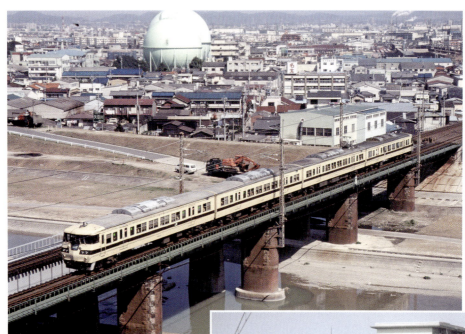

中央本線(西線)名古屋口の快速列車のグレードアップを図るために投入された117系。昼間はゆったりした転換クロスシートが大好評だった。上り名古屋行き快速117系4連。新守山-大曽根間　平成元年3月10日

沿線には新しいマンションや新興住宅が続々と建った。117系も地域の足として親しまれ、快速のほか運用の都合で投入された普通列車でも活躍した。下り中津川行き普通117系4連。大曽根-新守山間　平成元年3月10日

名古屋の電車の目玉は特別料金不要のロマンスカー、伝統の私鉄のサービスを"民営国鉄"も導入し旅客のハートをつかんだ。快走する上り名古屋行き快速117系4連。新守山－大曽根間　平成元年5月3日

初代快速表示を掲げ、中央快速117系「シティライナー」快走！ 上り名古屋行き快速117系4連。新守山－大曽根間　平成元年3月10日

高層マンションをバックに矢田川を渡る117系4連。上り名古屋行き快速117系4連。新守山－大曽根間　平成元年3月10日

中央快速も朝夕の輸送力列車は4両＋4両の8連でも、2扉・クロスシートの117系だと混雑は凄まじかった。名古屋市内で同タイプの名鉄7300系とすれ違う。金山－名古屋間（後追いで撮影）昭和62年5月4日　写真：岸 義則

中央本線の高蔵寺以北は山間ムードが漂い、愛知県内の同線にもトンネルがある。玉野第1トンネルを出てきた名古屋行き快速117系4連。定光寺－高蔵寺間　平成元年2月5日　写真：岸 義則

庄内川の上流、土岐川の渓谷を眺めながら走る下り中津川行き快速117系4連。古虎渓－多治見間　昭和63年4月23日

山合いの大築堤を疾駆する117系8連の堂々たる上り名古屋行き快速の勇姿。釜戸－瑞浪間　昭和63年12月23日

郷愁ムード漂う東濃の山里を117系4連の上り快速列車が名古屋へ向かう。釜戸－瑞浪間　昭和63年11月22日

丘陵に広がる瑞浪の家並みをバックに中央快速が築堤を走る。117系4連の上り快速。瑞浪－土岐市間　昭和63年12月23日

日本の原風景には国鉄カラーがよく似合う。色づき始めた山並みをバックに瑞浪市内の丘陵地を走る117系4連。上り名古屋行き快速。昭和63年11月22日

中央本線を走ったスカイブルーの103系

　名古屋のベッドタウンとして沿線開発が進み、中央本線（西線）は国鉄名古屋唯一の国電区間となっていた。昭和47年(1972)2月にはラッシュ時の助っ人として4扉ロングシートの"ゲタ電"72系(73系)が、同52年(1977)3月には72系の新性能化を図るため代替として103系が投入された。この103系、車体カラーは京浜東北線と同じスカイブルーをまとい、名古屋－瑞浪間で活躍。名古屋に東京の風を送り込んだのである。

　なお、JR東海に継承後は、昭和62年度から同社オリジナルカラーに順次塗り替えられた。

輸送力列車は堂々10連で活躍した103系。高蔵寺－定光寺間　昭和63年4月24日

飯田線 豊橋－元善光寺間

　飯田線で117系の定期列車は存在しなかったが、平成2年(1990)3月10日のダイヤ改正で休日ダイヤがスタートし、レジャー列車の快速「ナイスホリデー」が新設された。飯田線には名古屋方面から直通する「ナイスホリデー奥三河」を1往復設定。運転区間は米原・大垣－中部天竜間で117系が活躍。この列車は行楽シーズンの土休日に走る臨時列車で、特定日には天竜峡まで延長。翌3年(1991)3月16日改正で、名称を「ナイスホリデー天竜・奥三河」に改称して、天竜峡、そして特定日には飯田、元善光寺まで足を延ばした。

　しかし、平成5年(1993)12月1日改正で臨時急行「伊那路」に格上げされ165系化。さらに同8年(1996)3月16日改正で特急「伊那路」に昇格、373系に置き換えられて2往復の定期特急へと発展した。なお、117系は正月輸送で豊橋－豊川間などにも活躍した。

東三河の田園地帯を走る下り快速「ナイスホリデー天竜・奥三河」117系4連。レンゲの花が車窓を彩る三河路の春。江島－東上間　平成3年4月28日

田んぼの稲刈りが終わった三河路の秋。行楽帰りの人たちを乗せた上り臨時快速が豊橋へ急ぐ。野田城－東上間　平成3年10月28日

今日は「長篠合戦のぼりまつり」、街道脇に林立するその幟を眺めながら、117系4連の上り臨時快速がガタゴト走る。本長篠－長篠城間　平成3年4月28日

東三河の丘陵地を坦々と走る上り臨時快速「ナイスホリデー天竜・奥三河」117系4連。本長篠－長篠城間　平成3年4月28日

豊川稲荷への正月輸送で、東海道本線の新快速・快速が飯田線の豊川まで臨時列車として直通運転した。豊川駅に進入する117系4連の下り快速と同駅で発車待ちの311系4連の上り新快速。平成5年1月3日

JR化後も豊川鉄道時代の駅舎が現役だった豊川駅

　飯田線の前身は豊川鉄道・鳳来寺鉄道・三信鉄道・伊那電気鉄道からなる4つの私鉄だ。豊橋－大海間は豊川鉄道で、その本社を兼ねた豊川駅は、昭和6年(1931)に鉄筋コンクリート3階建てのモダンな駅舎を新築。館内には食堂や映画館も入居していた。

　私鉄4社は戦時買収で国鉄飯田線となるが、JR東海に継承されてからも豊川駅の駅舎は平成7年(1995)6月3日まで使用され、平成8年(1996)12月17日に橋上駅舎化された。

JR東海の駅としても使用された昭和6年築の豊川鉄道時代の駅舎。平成元年4月28日

臨時快速「佐久間レールパーク」号

　ＪＲ東海は平成21年(2009)２月、「佐久間レールパーク」を同年11月１日限りで閉園すると発表。それを惜しみ21年春から土休日をメインに、臨時快速「佐久間レールパーク」号を名古屋ー中部天竜間に１往復(帰りは豊橋止まり)運転。117系の４連で、内１両は指定席。４月26日以降は特製ヘッドマークを掲出する日もあり、ファンを喜ばせた。

三河山間部を走るヘッドマークなしの117系４連。早瀬ー浦川間　平成21年10月31日

紅葉が始まった静岡県北西部の山峡を走る117系４連、ヘッドマークなし。下川合ー中部天竜間　平成21年10月31日

"国鉄色"復刻車のＳ11編成117系４連を使用し、シール対応のヘッドマークを掲出した「佐久間レールパークフィナーレ」号。長篠城ー本長篠間　平成21年11月１日

「佐久間レールパーク」の閉園が近づくと臨時列車や団体列車で117系が大活躍し、同系の３本並びも実現した。中部天竜　平成21年10月31日

関西本線 名古屋－亀山間

　ＪＲ東海が管轄する関西本線の名古屋－亀山間に117系の定期運用はなく、まれに団体列車で入線することはあった。一般旅客が乗車できた117系は、亀山駅開業120周年にちなみ、平成22年（2010）9月19日に運転した臨時快速「亀山駅開業120周年記念号」ぐらいで、名古屋－亀山間を国鉄"新快速色"風復刻車のＳ11編成を使用し1往復走った。

国鉄"新快速色"風復刻車の117系Ｓ11編成4連で運転した臨時快速「亀山駅開業120周年記念号」、木曽川を渡る上り同臨時快速。長島－弥富間　平成22年9月19日

コスモス畑を眺めながら117系4連の"国鉄色"復刻車が名古屋に向かう。亀山－井田川間（後追いで撮影）　平成22年9月19日

特製ヘッドマークを掲出した下り亀山行き「亀山駅開業120周年記念号」。"国鉄色"117系4連と同線の主だった213系5000番台車の交換、右手は養老鉄道の電車。桑名　平成22年9月19日

沿線企業の団体臨時列車で関西本線を走ったこともある117系。ＪＲ東海カラーの同系8連。蟹江－八田間　平成元年7月16日

117系改造のジョイフルトレイン 「トレイン117」

　平成22年(2010)夏、JR東海は名車117系のS9編成4連をジョイフルトレインに改造。愛称は「トレイン117」で、①・③・④号車は転換クロスシート3脚を固定し、大型テーブルを付け簡易ボックスシート化。②号車はそよ風と景観が楽しめるフリーの「ウインディスペース」とした。同年8月1日から飯田線で運転を始めた臨時快速「そよ風トレイン117」に投入。以後、同線をメインに東海道本線や中央本線の観光列車などに活躍した。

　平成23年(2011)3月には、①・④号車をATS-PT対応の先頭車に交換する組成変更を実施。御殿場線などにも入線したが、平成25年(2013)7月21日の飯田線、豊橋-天竜峡間の団体列車の運用を最後に引退。翌年1月までに4両全車が過去帳入りしている(詳細は74～75頁参照)。

デビュー当初の「トレイン117」。②号車以外はオレンジ帯のJR東海117系カラーのままだった。特製ヘッドマークを掲出して走る飯田線下り臨時快速「そよ風トレイン117」。江島-東上間　平成22年9月18日

「ウインディスペース」の②号車は車体カラーを変更、側扉は原則開けたまま走るので扉前に"展望柵"を設置。飯田線 東上-野田城間　平成22年9月18日

平成23年3月には先頭車の交換および4両全車を②号車がベースの車体カラーに変更、季節ごとに異なるラッピングも施工した。夕陽を浴びた富士山をバックに静岡地区の東海道本線を快走する下り「富士山トレイン117」。由比－興津間　平成24年1月29日

春の装いを施して走る「水都トレイン大垣」。東海道本線　枇杷島－名古屋間　平成24年4月10日

指定席車の①・③・④号車は、転換クロスシートを向かい合わせに固定し、真ん中に大型テーブルを設置

左2点／木製ベンチを窓向きに配した②号車の「ウインディスペース」。側扉は原則開けたまま走るので"展望柵"を設置

"中京快速"に活躍した急行形電車

名古屋地区の東海道本線は昭和30年(1955)の電化後、快速列車は姿を消していたが、昭和46年(1971)4月26日のダイヤ改正で、豊橋ー大垣間に2往復半が復活した。この快速は所要時間も長く試行的要素を踏まえていたが、翌昭和47年(1972)3月15日改正で毎時1往復のパターン化による増発を実施。通称"中京快速"とも呼ばれ、運転区間は浜松ー大垣・米原間、快速区間は豊橋ー大垣間で、朝夕には停車駅が多い通勤快速タイプも設定した。

車両は急行「東海」の静岡以西廃止で捻出した急行形の153系・165系の8連。最速所要時間は豊橋ー名古屋間54分、名古屋ー岐阜間23分。豊橋ー岐阜間なら、ライバル名鉄特急より2分速く、国鉄名古屋も都市圏輸送に前向きな姿勢を示すようになったのである。

昼間の快速の停車駅は急行「東海」時代より少なく、特別料金不要の速達サービスを実施。名鉄栄生駅構内で待機するライバルのパノラマカー7000系2本(特急用白帯車と高速用などの一般車)を眺めながら疾駆する下り快速165系。昭和57年3月10日(名鉄係員立会いで快速は後追いで撮影)

修学旅行用電車155系も晩年は座席を改造して湘南色化され、"中京快速"に組み込まれていた。クハ155形が先頭の下り快速8連。木曽川ー岐阜間 昭和55年5月18日

関西新快速に117系が投入されると余剰車の一部が大垣電車区に転属し、"中京快速"の一部に組み込まれた。大垣方先頭車に新快速カラーの低運転台・大目玉のクハ153形を連結した上り快速8連。岐阜－木曽川間（後追いで撮影） 昭和55年8月12日

先頭車は関西新快速カラーのクハ165形、その後には修学旅行用155系の電動車ユニットが連結されるなど、寄せ集め所帯の珍編成も走っていた。"中京快速"上り8連。名古屋－熱田間 昭和55年6月8日

昭和55年10月1日から急行「比叡」の受け持ちが大垣電車区に移管されると"中京快速"8連と共通運用になる。編成の一部には非冷房車も組み込まれていた。153系8連の上り急行「比叡」。岐阜－木曽川間（後追いで撮影） 昭和56年7月25日

国鉄名古屋オリジナルカラーで登場した211系0番台

　JR移行を踏まえた昭和61年(1986)11月1日の国鉄最後のダイヤ改正は、名古屋地区でも国鉄ダイヤが"国電化"され、短編成・高頻度運転が実現。東海道本線の快速電車は毎時2往復・30分ヘッド化され、その目玉として登場したのが3扉・セミクロスシートの211系0番台4両編成2本だった。同系は関東地区の湘南色とは異なり、青色の帯に白のピンストライプを配した名古屋局オリジナルカラーで登場。既存の117系は1編成4両として編成本数を倍増、211系を含む快速用車両の愛称は「シティライナー」と改称された。

国鉄名古屋の新ダイヤの目玉として登場した211系0番台。軽量ステンレス車体に青と細い白の帯できめた"名古屋カラー"で登場。快走する211系4連の上り快速「シティライナー」。岐阜－木曽川間　昭和62年2月10日

左上／名古屋駅で挙行された快速「シティライナー」運転の発車式。上り快速211系4連。昭和61年11月1日
左下／「シティライナー」車両の顔合わせ。右は東海道本線下り快速211系、左は中央本線下り快速117系、いずれも4連。昭和61年11月1日

211系0番台も昭和63年12月に湘南色化され、電気連結器や自動解結装置などが設置された。上り新快速に活躍する湘南色化された211系0番台4連。枇杷島－名古屋間　平成元年7月13日

国鉄改革の"功労車"・JRシティ電車の礎
117系 栄光の物語

東海地方の国鉄に新風を吹き込んだ"私鉄風国電"117系。デビュー当時は1編成6両固定、「東海ライナー」の愛称で東海道本線の快速をメインに活躍した。117系6連の下り大垣行き快速。昭和59年3月25日

　日本の鉄道の大動脈となる関東と関西を結ぶ東西幹線ルート、その新橋－神戸間が全通したのは明治22年（1889）7月1日のこと。同区間は明治28年（1895）4月1日の路線名制定で「東海道線」と命名され、翌29年（1896）9月1日には同区間に急行列車が新設された。当時はまだ、急行料金は不要だった。豊橋－岐阜間の停車駅は、豊橋・岡崎・大府・熱田・名古屋・岐阜のみで、所要時間は各駅停車の普通列車より約1時間も速かった。この列車こそ東海地方の国鉄（→ＪＲ東海）における「快速列車」のルーツのようであり、その歴史はなんと120年前まで遡る。

　明治39年（1906）4月16日、急行料金の制度が新設され列車体系の見直しが始まる。そして、同42年（1909）10月12日、東海道線は「東海道本線」となり、時代は大正から昭和へと流れる。昭和30年（1955）7月20日の米原電化完成に伴うダイヤ改正では、名古屋周辺の国鉄にも電車が投入された。

　名古屋都市圏の通勤通学輸送は名古屋鉄道管理局（豊橋以東は静岡鉄道管理局）の担当だが、近郊列車は80系湘南形電車をメインにデッキ付きの2扉車が幅をきかせ、その後も昔ながらの"汽車"の時代が続く。そんな東海地方の国電に、新風を吹き込んだのが117系電車だった。

　昭和57年（1982）3月、東海道本線の快速用としてデビュー。"関西新快速"で大好評だった117系の"名古屋仕様車"で、座席はオールクロス。車端部などごく一部を除き広幅の転換クロスシートを装備し、2扉車だがデッキなし。側扉はラッシュ対策を踏まえて両開きにするなど、国鉄離れした"私鉄風国電"は、「東海ライナー」の愛称で私鉄の牙城、名古屋にも参上した。

　台所事情が厳しい国鉄末期からＪＲ発足初期の過渡期に大活躍し、さらにはＪＲシティ電車の礎を築いた117系。しかし、この名車も後継ぎ車で"平成のスタンダード"313系の増備が進み、同社所属の117系は平成26年（2014）1月末までに全車過去帳入りした。

　本章では117系の功績をたたえ、"本家"関西に登場した経緯も含め、そのメモリアルを貴重な写真や資料でご覧いただき、往時を偲んでいただくことにしよう。

第1部 東海地方の国電前史

　東海地方を代表するご当地企業、JR東海こと東海旅客鉄道(本社＝名古屋市)。同社は東海道新幹線を中核に、東海道本線・中央本線・関西本線・高山本線などの在来線12路線を運営し、名古屋を中心とする中部経済圏の足を担っている。

　会社発足後約30年、同社の保有車両は、在来線の211系電車0番台4両編成2本＝8両(32頁など参照)を除き、民営化後に新造された新型車である。しかし、この211系0番台も昭和61年(1986)11月1日の国鉄最後のダイヤ改正時に投入されたもので、そのポリシーは民営化を鑑みたものだった。そのため、新会社発足後に新造された211系5000番台は同0番台がベースになっており、事実上は全車"JR型車両"と位置づけてもよいのではないだろうか。

　ところで、JR東海の国鉄型車両の置き換えは早かった。そのポリシーは私鉄の牙城でもある名古屋都市圏で、私鉄の混雑緩和を図るため、それまで"汽車"のイメージが強く、私鉄の補完路線にすぎなかった旧国鉄在来線を活用。その活性化を踏まえた施策は、国鉄末期の117系投入当時の意気込みを踏襲したものでもあり、ダイヤ、車両とも高水準に整え、私鉄のサービスを超えるものに仕上げられている。

　JR東海シティ電車の礎を築いたのは117系と申しても過言ではないが、国鉄末期における117系の投入は、台所事情が厳しいながらも、将来の民営化を意識した姿勢から芽生えた国鉄の底力でもあった。そして、その魂は東海地方の国電の原点、昭和30年(1955)の東海道本線米原電化で新製投入された80系湘南形電車ではないだろうか。

名古屋地区の117系は、"本家"117系の関西新快速用を改良した"名古屋仕様車"。その原点は東海道本線米原電化で投入された80系湘南形電車の魂が息づいていた。快走する「東海ライナー」117系6連、上り浜松行き快速。西小坂井－豊橋間　昭和58年8月25日

80系湘南形電車とは

　国鉄の旅客列車は東京・大阪の短距離国電区間を除き、主要幹線では機関車牽引の客車列車が主役だった。その国鉄が昭和24年(1949)、直流1500V電化区間の電気機関車牽引の中距離客車列車を、電車列車に置き換えるために開発したのが80系電車だった。駆動方式は国電伝統の吊り掛け式だったが、それなりに改良され、営業最高速度は時速95km(のち同100km)、設計最高速度は時速110km。車体は20m級で、車内は中距離輸送の居住性を考慮し、客車並みの2扉デッキ付きとした。座席は4人掛けボックスシートで、通勤輸送にも対応できるよう、座席幅を少し狭めて通路を広くし、側扉の戸袋部はデッキに近いことからロングシートを配置、吊革も設置した。

　昭和24年度製の第1次車は73両が新製され、同25年(1950)3月1日から「湘南電車」(湘南伊豆電車)の愛称で、東海道本線の東京－沼津間と伊東線(熱海－伊東間)に颯爽とデビューした。先頭車(クハ86形・86001～86020)は前面3枚窓の半流線型(前面半径3000mmR)だったが、翌25年度新製の第2次車からは、前面2枚窓の流線型にモデルチェンジされ、「湘南形」と呼ばれた80系の基本スタイルとなる。ちなみに、昭和25年度製のクハ86形の早期落成車2両(86021・86022)は、第1次車と同じ台枠ながらも前面を後方に傾斜させた2枚窓。それ以降(86023～86056)は前面に角がある2枚窓に変更された。

　昭和26年度からの第3次車以降は、第2次車の量産型をモデルに製作。その後は第3次車をベースに種々改良を加えて増備が続き、昭和31年度には準急(→急行・料金必要)用で車内設備がグレードアップした全金属車体の300番台車も登場。最終的には昭和33年度まで製造され、80系電車は総勢652両の大世帯に成長した。

　80系は近郊形電車のパイオニアだったが、走行性能は電気機関車牽引の客車列車を大きく上回り、居住性も客車となんら遜色はなかった。これは電車が長距離列車にも充分耐えられる証であり、その実績は新性能電車の開発や、のちの東海道新幹線に高速型の電車列車を投入する布石となったのである。

80系第1次車は当初、全車田町区配置。のち大垣区に転属した仲間もいた。雪化粧した伊吹山に向かって走る前面3枚窓のクハ86形連結の80系10連。東海道本線 柏原－近江長岡間(後追いで撮影)　昭和38年2月10日　写真：加藤弘行

名古屋地区に投入された80系は昭和30年度製の第6次車。先頭車は前面2枚窓で80系基本スタイルの「湘南形」。当初は基本4両編成と付属2両編成が用意された。両編成連結の6連で走る上り豊橋行き。名古屋　昭和30年11月29日　写真：加藤弘行

東海道本線の米原電化が完成

名古屋都市圏の東海道本線は、昭和30年(1955)7月に稲沢-米原間68.8kmの電化が完成。客車列車は7月1日から、順次SL(蒸気機関車)からEL(電気機関車)牽引に置き換えられ、旅客列車は同月20日までに完全電気化された。

名古屋駅発の正式な"電化処女列車"は、昭和30年7月2日の午前9時10分に発車する島田発富山行き(米原経由)711列車(2・3等車編成)で、名古屋駅6番線に午前8時51分に到着した同列車は、機関車を稲沢第二機関区に新製配置されたEF58形に付け替えられ、盛大な発車式を挙行。名古屋鉄道管理局(名鉄局)の職員や鉄道ファン約200名に見送られて発車した。

ちなみに、貨物列車のEL化は昭和30年8月1日から始まり、同年11月1日までに順次、置き換えを完了した。

名古屋にピカピカの湘南形電車がやってきた

米原電化を機に、名古屋都市圏の東海道本線のローカル列車には、初の国電80系湘南形電車が投入された。

80系は前述のごとく、昭和25年(1950)3月1日から東海道本線の東京-沼津間で運転を開始したが、同線の電化延伸で同年7月15日に静岡、同年12月15日に島田、翌26年(1951)2月15日には浜松まで足を延ばし、東海地方でもその活躍が見られるようになった。しかし、所属は東京の田町電車区(現:東京総合車両センター田町センター)で、"名古屋の電車"ではなかった。

かつて、関ケ原越えのSL基地で補機の運用で重責を担った大垣機関区に、ピカピカの

試運転中の80系5連。下り試4853列車、クハ86078+モハ80112+モハ80111+モハ80110+クハ86075。名古屋 昭和30年7月1日 写真:加藤弘行

米原電化完成で名古屋駅の下り電化「処女列車」の発車を報じる『中部日本新聞』(昭和30年7月2日付け夕刊) 提供:中日新聞社

国鉄の米原電化に伴うダイヤ改正で、国電の投入や客車列車の電気機関車牽引などで東海道本線のスピードアップを報じる『中部日本新聞』(昭和30年6月24日付け朝刊) 提供：中日新聞社

国電80系電車の試運転を報じる『中部日本新聞』(昭和30年6月29日付け朝刊) 提供：中日新聞社

80系湘南形電車がやって来たのは、昭和30年(1955)6月下旬のこと。最初は5両(クハ86078＋モハ80112＋モハ80111＋モハ80110＋クハ86075)で、同年6月29・30日に豊橋－大垣間で施設・電気などの入線試験、続く7月1日～5日には試運転と試乗会を実施。そして、同年7月20日のダイヤ改正に間に合わせるため、7月中旬までにクハ86069～84(81・83は欠番)、モハ80102～117の合計30両を配置。このほか、大垣－関ケ原間の"垂井線"(旧東海道下り本線)用として、通勤形の"ゲタ電"クモハ40形2両とクハ16形1両も配置された。

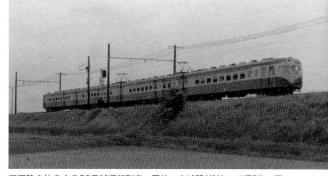

三河路を快走する80系試運転列車。岡崎－安城間(後追いで撮影) 昭和30年7月4日 写真：倉知満孝

豊橋－大垣間に設定されていたC11 355(名)牽引の上り都市圏快速列車。急行並みのスピードで走り駿足を誇った電車化直前の光景。尾張一宮－稲沢間 昭和30年7月1日 写真：大橋邦典

同区は同年7月15日、大垣電車区と改称。樽見線などで使用するSL(C11形)や気動車もいたが、いずれも同電車区の所属とした。

かつてはSLが健闘した東海道本線の"快速列車"

名古屋都市圏の東海道本線に普通列車だが通過駅のある速達列車が新設されたのは、昭和5年(1930)10月1日のダイヤ改正。この通称"快

速列車"は豊橋-大垣間に数本走っていたが、昭和9年(1934)12月1日改正で見直しが始まり、第二次世界大戦の戦時輸送に伴い、同18年(1943)10月1日改正で廃止された。

しかし、戦後復興期の昭和25年(1950)10月1日、戦前と同じ豊橋-大垣間に"快速列車"が復活した。名古屋機関区のＳＬ(C55形・C57形・C11形)が牽引し、運転本数は豊橋-名古屋間5往復で最速71分。名古屋-大垣間は7往復半(下り8本・上り7本)で、名古屋-岐阜間は最速30分で疾駆。いずれも名鉄名古屋本線の特急を意識した"目玉商品"だった。

ちなみに、当時の標準停車駅は豊橋・蒲郡・岡崎・刈谷・熱田・名古屋・尾張一宮・岐阜・大垣で、一部の列車は客車の最後部に「快速列車」のテールマークを掲出して運転した。

この"快速"は、昭和28年(1953)7月21日の浜松-名古屋間、同年11月11日の名古屋-稲沢間の電化完成後もＳＬ牽引で存続。稲沢電化では、稲沢機関区から分離独立した稲沢第二機関区にＥＬ(電気機関車)が配置されたが、その両数に余裕が出てくると、ＥＦ56形やＥＦ58形などが快速列車を牽引することもあった。

昭和5年10月1日改正で新設された普通列車の速達タイプ"快速"。709列車は豊橋-名古屋間を70分で走り、急行19列車の78分より速い。『汽車時刻表』(日本旅行協会発行・昭和5年10月号)から転載

客車に取り付けられた「快速列車」のテールマーク。
名古屋駅　昭和27年9月1日　写真：権田純朗

戦後復興期の昭和25年10月1日改正で復活した名古屋都市圏"快速列車"。913列車は豊橋-名古屋間71分、名古屋-岐阜間30分で走っている。急行201列車は豊橋-名古屋間を81分かかっている。『時刻表』(日本交通公社発行・昭和25年10月号)から転載

80系は国鉄名古屋の快速電車の原点

国電80系は当初、客車快速のスジで都市圏快速列車に投入され暫定営業に就いた。当初、中間M車を4両組み込んだ固定6両は珍しく、80系にとって客車快速のスジでは物足りなかった。上り豊橋行き快速6連。尾張一宮－稲沢間　昭和30年7月6日　写真：加藤弘行

　昭和30年(1955)7月6日、名古屋の都市圏快速は客車列車のスジ(運転ダイヤ)のまま、新製80系電車に置き換えが始まる。同日から豊橋－大垣間の快速3往復を、7月11日からは同区間の快速全列車が電車化された。基本編成はクハ86形(Tc)＋モハ80形(M)＋モハ80形(M)＋クハ86形(Tc)の4両だが、増結用の付属編成としてクハ86形(Tc)＋モハ80形(M)の2両も用意され、一部列車は付属2両＋基本4両の6連運用もあった。こうした経緯から、80系は国鉄名古屋の快速電車の原点であり、ピカピカの湘南形電車が東京の風を名古屋に送り込んだのである。

　なお、稲沢－米原間の電化で、普通列車を含む機関車牽引の客車列車も、7月15日からすべてがEL(電気機関車)牽引に変わった。

国電80系は電気機関車の予算を削って新製された！

　米原電化で新製されたEL(電気機関車)は、旅客用としてEF58形を15両。貨物用は"マンモス機関車"ことEH10形が23両("編成"、動軸8軸全長22.5m、箱型の2車体は永久連結)を投入。このうちEF58形は当初22両新製の計画だったが、予算7両分を削減し、この分は国電80系湘南形電車の製作費に充当された。

　名古屋鉄道管理局は昭和28年(1953)夏、国鉄本社へ名古屋地区のローカル列車の電車化を、翌29年(1954)秋から導入したいと申請していた。しかし、車両新製や各種施設の改善に当時の試算で8億円が必要となる。そこで前述の通り、ELの新製両数を減らして5億円、電車化で不要となる客車44両の新製をやめて3億円、合計8億円を捻出した。

　ローカル列車の電車化は、首都圏・関西圏で導入路線の拡大を優先し、両圏には東海道本線の豊橋－大垣間より輸送量が多い区間も多々あった。しかし、米原電化という好条件を逃せば5年は先送りされる公算が強く、当時の国鉄中部支配人、佐藤武氏らの尽力により、なんとか実現にこぎ着けたのである。

米原電化を祝して企画された全面広告タイプの特集記事。『中部日本新聞』(昭和30年7月8日付け朝刊)　提供：中日新聞社

高加速ハイパワーの80系電車の性能は高く評価され、快速列車を廃止に追い込んだ。昭和30年7月20日改正で東海道本線のローカル列車は電車化を推進。雪の日も電車列車は安全・快適と好評！ 80系4両+2両の6連。大垣　昭和31年1月29日　写真：加藤弘行

80系は快速列車より速い普通電車

　米原電化完成に伴うダイヤ改正は、昭和30年(1955)7月20日に実施された。電車運用区間は豊橋-関ケ原間に延長、ローカル列車も大増発された。しかし、電車列車は各駅停車でもスピードが速いため快速運転は廃止。電車化されたローカル列車は各駅停車のみとしたが、所要時間は客車快速の時代と同じか速く、電車のすばらしさをアピールした。

　ちなみに、大垣電車区に新製配置された80系は、関西地区東海道・山陽本線の急行電車「急電」用(料金不要、のちの新快速の原点。53頁参照)に増備されたタイプと同型車で、

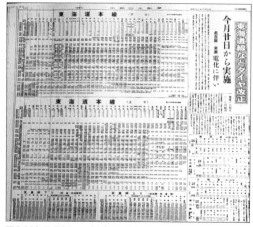

昭和30年7月20日の新ダイヤを報じる『中部日本新聞』(昭和30年7月8日付け朝刊)　提供：中日新聞社

側扉の窓や戸袋窓がHゴム化され斬新ないでたちとなる。また、前述の付属編成のモハ80形(M)4両には、のちに入換え用の簡易運転台が設置された。

ローカル列車は電車が主役に

　昭和31年(1956)11月19日、東海道本線は米原-京都間の電化完成で全線電化が成る。この時、大垣電車区の80系も関ケ原から米原まで運用区間を延長。これに合わせ新車4両

昭和31年11月19日の東海道本線全線電化完成で大垣区の80系は関ケ原から米原まで運用区間が延長された。下り米原行き80系4連。柏原-近江長岡間　昭和32年2月10日　写真：加藤弘行

（クハ86104・106、モハ80206・207）が増備された。ちなみに、この昭和31年度車からは座席間隔を80mm拡大、側窓のアルミサッシュ化、側窓日除けの巻き上げカーテン化などによる側窓構造の変更で、通路幅を40mm拡大。車体内外ともにリフレッシュされた。

昭和32年（1957）4月1日には、浜松－豊橋間のローカル列車も客車から80系電車に置き換えられ、同年6月20日からは東京－大垣間の直通普通列車に80系による電車列車も登場。この長距離鈍行は田町電車区の担当で、2等車（→1等車→グリーン車）サロ85形を組み込んだ堂々10連。世の中は戦後復興期から高度急成長期に突入

昭和32年度には80系の決定版、全金属製の300番台車が登場し大垣区に配置。東京駅を発車した下り「東海」。"名古屋の電車"が優等列車で東京まで乗り入れたのは快挙だった。昭和33年10月19日　写真：加藤弘行

し、地域の足を担うローカル列車は、客車から電車へとシフトする過渡期でもあった。

昭和32年7月には80系のデラックスバージョン、全金属車体の300番台車も登場。大

高性能ロマンスカーを続々開発した名鉄

　名古屋鉄道（名鉄）は昭和30年（1955）11月、初の軽量車で高性能カルダン駆動車の5000系を開発。転換クロスシート装備のロマンスカーで通称ＳＲ車（スーパーロマンスカー）と呼称、名古屋本線の特急をメインに投入した。

　昭和32年（1957）9月には、5000系の改良タイプで前面貫通型の5200系。さらに昭和34年（1959）4月には、5200系をベースに日本初の大衆冷房車5500系も開発。当時、冷房は贅沢品で一般家庭では夢の世界だったが、5500系は乗車券だけで乗れる一般列車として運用、ラッシュアワーにも使用され乗客のハートを射止めた。

　この大車輪のサービスはさらに続き、決定打は昭和36年（1961）6月、名古屋本線の特急用に日本初の前面パノラマ式電車7000系を投入。冷暖房完備で先頭車の展望室も含め特別料金は不要。当時、高嶺の花だった国鉄特急並みの車内設備に乗車券だけで乗れるという営業政策には、80系湘南形電車の投入で強気の営業姿勢だった国鉄も兜を脱いだのである。以後、長年にわたり名鉄の横綱相撲が続く。

東海道本線の米原電化を意識し、名鉄は昭和30年以降、高性能ロマンスカーを続々開発。決定打は昭和36年に登場した日本初の前面パノラマ式電車7000系だった。名古屋本線の知立駅に進入する7000系6連。昭和36年7月14日　写真：倉知満孝

※これら名鉄の特急車の詳細については拙著『名鉄パノラマカー』（平成13年〈2001〉ＪＴＢ刊）、同『パノラマカー栄光の半世紀』（平成21年〈2009〉ＪＴＢパブリッシング刊）、同『名鉄 昭和のスーパーロマンスカー』（平成27年〈2015〉同）などをご参照ください。

垣電車区に配置され、同年10月1日から東京–名古屋間の準急「東海」、名古屋–大阪間の準急「比叡」(命名は翌11月から)を客車から電車に置き換え、本数も増発するなど、80系は優等列車にも進出した。

一方、昭和33年(1958)10月1日には、東海道本線の支線で南荒尾信号場–美濃赤坂間の通称"美濃赤坂線"も電化された。大垣–美濃赤坂間の区間運転には、先に"垂井線"用に投入された"ゲタ電"クモハ40形・クハ16形を使用したが、名古屋直通列車には80系が投入され好評を博したのである。ちなみに、この頃が80系の黄金時代だった。

しかし、80系は"汽車"のイメージを踏襲した旧性能の吊り掛け駆動車。国鉄に悲願の新性能新型電車、91系が登場したのは昭和33年

急行「東海」に活躍する153系12連。同列車は昭和47年3月改正で静岡以西を廃止。余剰車は名古屋都市圏の快速用に充当された。上り「東海1号」。枇杷島–名古屋間 昭和44年7月24日

(1958)のこと。同系は大垣電車区に配置され、翌34年の車両称号改正で153系に改称。同年6月までに準急「東海」と「比叡」は同系に置き換えられ、昭和41年(1966)3月5日には料金制度改正で急行に昇格。その後、153系は、国鉄急行形電車の標準タイプとして仲間(165系や交直両用の471系など)も増え、大量増備されたのである。

昭和46年春、都市圏快速列車が復活

時は流れて昭和40年代半ば、名鉄との格差はさらに広がり、かつ名古屋は"世界のトヨタ"のお膝元だけに古くからクルマ王国であり、東海道本線の乗客は減少傾向にあった。

試行的ながら昭和46年春に復活した東海道本線の快速。その主力は元祖快速80系湘南形電車だった。サロ85形改造のクハ85 311号車が先頭の上り豊橋行き快速544M(名古屋–豊橋間快速)。木曽川–尾張一宮間 昭和46年10月29日

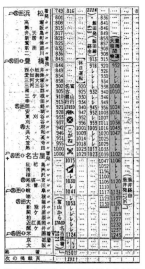

豊橋–大垣間を直通運転する快速は、下り豊橋発9時52分の米原行き539Mのみだった。『交通公社の時刻表』(昭和46年5月号)から転載

そうした情況下、その打開策として昭和46年(1971)4月26日のダイヤ改正で、豊橋－大垣間に都市圏快速が16年ぶりに復活した。標準停車駅は豊橋・三河三谷・蒲郡・岡崎・安城・刈谷・大府・熱田・名古屋・尾張一宮・岐阜・穂積・大垣。豊橋－名古屋間は3往復で最速64分。名古屋－大垣間は1往復(※)で、名古屋－岐阜間は気動車急行並みの最速25分とした。運転本数は試行的ダイヤのため少なく、豊橋－大垣間の全区間で快速運転するのは下り1本のみ。車両は主に80系湘南形電車を使用した。ダイヤは以下の通り。

＜下り＞
　　　　　豊橋発　　　名古屋着・発
529M　6時50分→7時54分・8時00分
　　　　　　　　（名古屋まで快速・大垣行き）
539M　9時52分→11時02分・11時06分→
大垣着11時44分(大垣まで快速・"垂井線"経由米原行き)
541M　13時59分→15時08分・15時12分
　　　　　　　　（名古屋まで快速・大垣行き）

＜上り＞
　　　　大垣発　　岐阜発　　名古屋着
532M　7時41分→7時55分→8時21分
　　　　　　　　（米原始発・大垣から快速）

　　　　名古屋発　　豊橋着
436M　11時45分→12時59分
　　　　　　　　（名古屋発熱海行き・豊橋まで快速）
544M　13時28分→14時37分

昭和47年3月15日改正で東海道本線の快速は急行形153系・165系を投入し、1時間ごとのパターンダイヤ化。快走する下り大垣行き快速165系8連。左は上り豊橋行き普通80系6連。穂積－大垣間　昭和47年11月19日

（米原発豊橋行き・名古屋から快速）
552M　18時08分→19時14分
　　　　　　　　（名古屋発浜松行き・豊橋まで快速）

※このほか、上り大垣発4時47分の沼津行き普通424Mは、大垣－名古屋間で事実上は快速運転を実施。穂積は通過し快速より停車駅は少ないが、汽車型長距離鈍行の電車駅早朝通過扱いのため、快速とは名乗らなかった。

"中京快速"を増発しパターンダイヤ化

昭和46年(1971)春に復活した都市圏快速はそれなりの成果があり、翌47年(1972)3月15日のダイヤ改正では、同快速を通称"中京快速"と位置づけ豊橋－大垣間で増発。運転区間は浜松－米原間の直通運転が基本で、快速区間を豊橋－大垣間とした。

データイムは停車駅の少ない速達タイプを"ブルー快速"とし、毎時1往復のパターンダイヤ化。朝夕には停車駅が多い「通勤快速タイプ」も新設し"オレンジ快速"とした。

標準停車駅は豊橋・(※三河三谷)・蒲郡・岡崎・安城・刈谷・大府・(※共和)・(※熱田)・名古屋・(※稲沢)・尾張一宮・岐阜・大垣で、最速所要時間は豊橋－名古屋間54分、名古屋－岐阜間23分とライバルの名鉄特急並み。名古屋－岐阜間は名鉄特急より約3分速かった。注：※は"オレンジ快速"のみ停車。

車両も80系に代わり急行形の153系・165系を投入。ヘッドマークは掲出しなかったが、側扉斜め上の種別サボに"ブルー快速"は

東海道本線の"中京快速"は側面種別標示に「快速」サボを掲出していただけ。速達タイプの"ブルー快速"は青の地色に白字で表示。昭和47年11月11日

青の地色に白字で快速、"オレンジ快速"は橙の地色に白字で快速と表示された。

昭和39年(1964)10月1日の東海道新幹線開業後、東海道本線の電車急行は本数削減と運転区間の短縮が続き、伝統の急行「東海」も昭和47年(1972)3月15日改正で全列車が静岡以西を廃止。その余剰車を活用し、名古屋都市圏の快速電車には急行形電車を投入、前向きの営業姿勢を示した。中でも"ブルー快速"の停車駅は、急行「東海」の標準停車駅だった熱田を通過し所要時間も短縮し、スピードを目玉に韋駄天ぶりを発揮。同快速は毎時1往復で運転本数こそ名鉄特急(45頁参照)にかなわなかったが、国鉄のメリットを活かし一部を除き東は浜松、西は米原まで直通。浜松では静岡方面行き駿遠連絡の快速に接続し、伝統の"汽車"の役目も果たしていた。

なお、飯田線の急行「伊那」4往復のうち、名古屋方面から直通する2往復は東海道本線内を快速化し、"中京快速"のネットワークに組み込まれた。

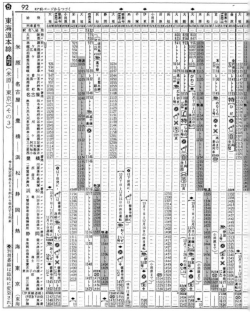

"中京快速"は昼間1時間ごとのパターンダイヤで運転。一部を除き浜松－米原間を直通、浜松では駿遠連絡の快速に接続していた。『交通公社の時刻表』(昭和48年10月号)から転載

データイムに走る"ブルー快速"は名古屋－岐阜間を最速23分で疾駆。このスピードは当時の電車特急「しらさぎ」の25分より速かったがまだ全車非冷房車だった。クハ165形が先頭の上り浜松行き"ブルー快速"8連。清州－五条川(信)間 昭和47年11月20日

"中京快速"には急行形電車が投入され順次冷房化されたが、長らく非冷房車も組み込まれていた。低運転台・大目玉のクハ153形を大垣方先頭車に連結した153系8連の上り浜松行き快速。岐阜－木曽川間(後追いで撮影) 昭和56年7月25日

ライバル名鉄の戦術

　昭和47年(1972)3月当時、ライバルの名鉄は豊橋−新岐阜(現：名鉄岐阜)を直通する特急を毎時4往復、10分～20分間隔で運転。車両は原則としてパノラマカー7500系・7000系の6連を使用。ほかに新安城−新岐阜間には、西尾線・蒲郡線から直通する特急が同2往復加わり、知立−新岐阜間では特急が10分ごとに走っていた。このほか、豊橋−新名古屋(現：名鉄名古屋)間には毎時1往復、速達タイプで座席指定(料金150円)の特急も加わった。標準停車駅は豊橋・東岡崎・知立(座席指定特急は通過)・神宮前・金山橋(現：金山)・新名古屋・新一宮(現：名鉄一宮)・新岐阜。最速所要時間は豊橋−新名古屋間が座席指定特急で53分(特急54分)、新名古屋−新岐阜間は特急で26分だった。

　しかし、普通しか停まらない小駅は、名古屋本線でも1時間に1本しか電車が停車しない時間帯があった。当時の名鉄は国鉄の快速を意識したほか、マイカー対策の切札として、長距離客を対象に主要駅間の点輸送に重点を置いていたのである。

　この営業施策はのちに社会問題化し、昭和49年(1974)9月17日改正では、同42年(1967)8月22日改正で廃止した急行を復活。名古屋本線の豊橋−新岐阜間を直通する特急の半分を急行に格下げ、豊岐間の特急・急行は毎時各2往復とした。また、西尾線・蒲郡線に直通する特急の多くを廃止し、美合(一部は東岡崎)−新岐阜間には区間運転の特急を毎時2往復新設。この結果、東岡崎−新岐阜間は毎時、特急4往復・急行2往復となる。このほか普通電車も増発された。

名鉄の豊橋−新岐阜間を直通する特急は、パノラマカー7500系・7000系6連をメインに使用し毎時4往復、10～20分ごとに運転した。快走する本線特急上り豊橋行き7500系6連。伊奈−平井(信)間　昭和47年3月5日

名鉄の魅力はパノラマカーの展望室。まだ全車一般車(自由席)の特急が主流で、特別料金不要で前面展望の醍醐味が満喫できた。下り新岐阜行き特急7512号車の展望室にて。名電赤坂付近　昭和47年11月11日

パノラマカーの魅力の一つ、展望室に設置されていた光電管式速度計。「只今の速度時速110km」。昭和47年3月5日

新性能近郊形電車 113系の投入と 80系湘南形電車の引退

　名古屋都市圏の国電は80系湘南形電車がローカル輸送の主役を担っていたが、昭和40年代中頃より、静岡運転所の新性能近郊形電車111・113系が名古屋地区まで足を延ばすようになった。111・113系はデッキなしの両開き3扉車。地元では"東京の通勤電車"と呼称する人もいるなど大好評を博したが、

昭和40年代半ば、静岡運転所の113系が名古屋地区まで遠征し、"東京の通勤電車"と呼称されたりもした。グリーン車2両を組み込んだ113系11両のT編成。大垣方にクモニ83形を連結して走る堂々12連。名古屋－枇杷島間　昭和44年11月3日

80系はデータイムも6両＋6両の12連で走る運用があり、2扉・デッキ付きの車体はかつての"汽車"の様相だった。下り大垣行き普通。穂積－大垣間　昭和52年5月19日

中央本線（西線）が本業の70系も東海道本線の通勤列車を補完した。近郊形3扉車の同線投入は、昭和41年の中央本線瑞浪電化で70系が大垣電車区に配置されてからだ。70系も6両＋6両の12連運用があった。下り大垣行き。名古屋－枇杷島間　昭和44年7月24日

運用はわずかだった。当時の東海道本線はまだ80系が主役。補完として中央本線(西線)が本業で、80系の流れを汲む3扉近郊形の70系も使用され、ラッシュ時はもちろん、白昼堂々6両＋6両の12連運用もあった。

そうした中で、名古屋地区にも113系が配置された。昭和48年(1973)7月10日の中央本線(西線)中津川－塩尻間と、篠ノ井線の電化完成に関連する輸送改善用として、首都圏の大船電車区に横須賀線用の新車113系1000番台(冷房車)を投入。その玉突きで同年5月末まで中央本線(西線)沿線の神領電車区(現：神領車両区)に113系0番台(非冷房車)を28両配転。クハ111＋モハ112＋モハ113＋クハ111の4両編成7本に組成され、まずは東海道本線の浜松－大垣間のローカル列車に使用された。

神領電車区の113系は、同年7月10日のダイヤ改正で中央本線(西線)名古屋－中津川間の快速電車などにも活躍。中津川以北のローカル列車には80系74両(神領区・松本転)が投入され、東海道本線では80系の運用が徐々

名古屋地区配置の非冷房車113系が当初、幅をきかせ、デッキなし3扉両開きの新性能近郊形電車は都会の風をなびかせたのである。白熱灯大目玉前照灯のクハが懐かしい東海道本線上り普通113系6連。枇杷島－名古屋間(後追いで撮影)　昭和53年3月25日

に狭められていった。名古屋の国電にも初めて新性能3扉近郊形電車が配置され、国鉄名古屋(名鉄局)にもやっと都会の風が吹き込んだのである。

その後、113系の配転、新造は急速に進む。大垣電車区(現：大垣車両区)には昭和53年(1978)3月、座席の幅やピッチを改善した113系2000番台車が80系の置き換え用として投入され、同区の80系は昭和53年3月24日をもって定期運用を終了。翌25日には大垣－名古屋間で1往復の"さよなら運転"が行われ、名古屋地区の東海道本線から姿を消した。

名古屋ターミナルビルをバックに名古屋駅に停車中の80系湘南形東海道線"さよなら電車"。昭和53年3月25日

吊り掛けモーターの音色高らかに、東海道本線で最後の力走をする下り大垣行き80系惜別電車。名古屋－枇杷島間(後追いで撮影)　昭和53年3月25日

第1部　東海地方の国電前史　47

国鉄名古屋の苦戦と悩み

国鉄は名古屋都市圏でも快速電車のパターンダイヤ化を実現させ、スピードでは名鉄を超えるなど意欲的な姿勢を示していた。

しかし、昭和50年代に入ると、当時の国鉄は赤字の穴埋めを運賃値上げにゆだね、ほぼ1～2年ごとに運賃・料金改訂を行った。まさに経営は親方日の丸で、私鉄との運賃格差も広がるばかり！　東海道本線に快速電車は走るものの、データイムのローカル列車の本数は各駅停車も含め毎時2往復。快速は急行

晩年は座席を改造し、"中京快速"にも活躍した元修学旅行用の155系。同系は最後まで冷房化されることはなかった。豊橋駅に入線するクハ155形が先頭の上り快速。昭和55年6月8日

形の2扉デッキ付き車両が主役で、"汽車"（客車列車）のイメージは拭いきれなかった。また、その153系・165系には非冷房車も組み込まれ、修学旅行用だった155系・159系の残党も活躍。そのため国鉄は、冷房化を推進するライバル名鉄が恨めしかった。

東海地方は"世界のトヨタ"のお膝元、クルマ王国で鉄道の活性化を図るためには、マイカー族のハートを射止めるしかない。私鉄のサービスが優れていたのはクルマ対策だが、国鉄もなんらかの手を打たないと、"汽車"から脱皮できない状況に陥っていたのである。

155系グループで名古屋地区の修学旅行用として誕生した159系も、晩年は"湘南色"化され、"中京快速"に組み込まれていた。同快速に組み込まれたサハ159-2号車。昭和55年6月8日

159系は最後まで修学旅行用電車の面影を残していた。その洗面所にはファン手作りの「さよなら」飾りがあった。昭和55年6月8日

サハ159-2号車のデッキ側妻部仕切り上部の時計があった場所にも「さよなら」の飾りを掲出。昭和55年6月8日

「汽車から国電」を目指した国鉄名古屋鉄道管理局

　昭和56年(1981)春、国鉄名古屋鉄道管理局(名鉄局)は名古屋地区の都市圏輸送を改善するプロジェクトチームを結成。当時の局長は、昭和54年(1979)5月に国鉄本社旅客局から着任された須田寛氏。かつて、同局では総務部長などの経験があり、国鉄本社旅客局では営業課長・総務課長などを歴任された旅客営業のエキスパート(のちの国鉄常務理事、初代JR東海社長、現：JR東海相談役)だ。その須田氏がリーダーとなり、「PLAN '80 国鉄名古屋」と題した長期計画を策定、昭和56年(1981)1月に公表された。

　キャッチフレーズは「汽車から国電を目指して」で、時刻表が必要な"汽車"から脱皮し、単に電車化するのではなく、短編成ながらも運転頻度を高め、電車の機動性を活かした都市型・等時隔ダイヤを実現させることだった。また、私鉄に対抗するため速達サービスを充実し、乗車券(運賃)だけで乗れる快速を増発。車両も新造車を投入し、国電のイメージアップとサービス向上を図ることにした。

　車両開発では当初、国鉄名古屋オリジナルの新形式も検討された。しかし、国鉄末期の厳しい経営環境の中、計画策定から短期間で実現に結びつけるには、既存形式を採用するしか選択肢はなかった。

　苦肉の策として、昭和55年(1980)1月22日から関西地区の新快速「シティライナー」に導入された117系の実績を認め、名古屋地区にも117系の投入が決定した。しかし、関西地区とは輸送事情が異なるため、地域にマッチする改良を施した"名古屋仕様車"を新造することになったのである。

国鉄名古屋鉄道管理局が名古屋地区の都市圏輸送改善プロジェクトの長期計画をまとめた「PLAN '80 国鉄名古屋」。内容は一般向けも編集され、交通日本社から単行本化し発売された

"関西新快速"カラーの153系が"中京快速"に活躍

　"関西新快速"は昭和55年(1980)1月22日から順次153系から117系に置き換えられ、同年7月9日までに117系化を完了した。捻出の153系(一部165系)は大垣電車区や神領電車区などに転属。大垣区では非冷房車が組み込まれていた"中京快速"の老朽車置き換え用に充当。

　名古屋地区でも「ブルーライナー」こと"関西新快速"カラーの電車が、153系(165系)8両編成の一部に組み込まれ異彩を放っていた。

　ちなみに、前述のごとく名古屋地区にも117系投入の噂が流れると、この関西色の電車は、その"前座"として注目された。

「ブルーライナー」"関西新快速"カラーのクハが先頭の153系・159系など混結8連。下り大垣行き快速。豊橋　昭和55年6月8日(2枚共)

「ブルーライナー」に掲出された"中京快速"のサボ

第2部　117系開発の経緯と車両概要

　117系とはどんな電車だったのか…。本書のタイトルは『東海の快速列車 117系栄光の物語』で、名古屋都市圏の快速列車のメモリアルについて、その飛躍の原点ともいえる117系の活躍をメインにまとめている。しかし、戦後の近郊形国電の最高傑作ともいえる117系は、国鉄末期の経営が厳しい昭和54年(1979)に"関西新快速"用として開発され、私鉄との競争が激しい関西の東海道・山陽本線で偉大なる功績をあげた。
　まさに117系は国鉄改革の"功労車"だが、その成果は名古屋地区への導入の呼び水となり、それをご理解いただくためにも第2部では、関西国電の前史と117系開発の経緯を振り返り、私鉄との旅客争奪戦の中で開発された"本家"117系の概要を紹介する。

新快速のルーツともいえる"流電"使用の急行電車。第1次車モハ52001F、前照灯は砲弾型で側窓は狭かった。第2次車登場後の新塗装に変更されてからの勇姿。東海道本線 西宮－芦屋間　昭和13年頃　写真：髙田隆雄

関西速達列車のスピード王は快速度

　関西地区では古くから、国鉄と私鉄が"ライバル決戦"を展開してきた。その歴史は明治時代まで遡る。鉄道院(院線)は明治10年(1877)、京都－大阪間に高槻のみ停車する速達列車を運転。同30年(1897)には大阪－神戸間に三ノ宮のみ停車する速達列車も登場した。この列車こそ関西地区の快速のルーツではないだろうか。
　その後、鉄道省(省線)は昭和4年(1929)、京都－神戸間に速達列車1往復を新設。もちろんＳＬ(蒸気機関車)牽引の客車列車だが、翌5年(1930)3月25日には増発され、「快速度」と呼称。ちなみに当時、特別料金は不要だった。

料金不要の急行電車「急電」

昭和9年(1934)6月13日には、東海道本線〜山陽本線の吹田−須磨間の電化が完成、同年7月20日から電車運転を開始した。このとき、大阪−神戸間を最速28分で結ぶ急行電車を新設。クロスシートの新車42系が投入され、2等・3等合造車(現:グリーン席・普通席合造車)も連結し活躍した。

当時、すでに省線は速達列車に急行料金を適用していたが、この列車は急行電車(関西急電)=通称「急電」と呼称。料金不要で昼間は30分間隔で運転するなど、大車輪のサービスで並行私鉄に対抗したのである。

"流線型電車"モハ52形が登場

「急電」サービスの気勢はさらに高まり、昭和11年(1936)3月末には、戦前の国電の最高傑作ともいえる"流電"こと流線型電車モハ52形(42系の改良形)の第1次車、4両編成1本(第1編成)が竣工。うち中間車1両は2等・3等合造車のサロハ46形(のちサロハ66形)1両を組み込み、同年5月13日から営業運転を開始した。

車体は丸みをおびたノーシル・ノーヘッダ

"流電"登場を報じる『大阪朝日新聞』。第1次車は当初、マルーンの地色で窓枠・側扉・スカートがクリームだった。(昭和11年5月9日付け朝刊) 提供:朝日新聞社

ー(側窓上下部の補強用帯を外板の裏側に隠した構造)で、先頭車前頭部は半径1.2mと同2.8mの円を組み合わせた半楕円形、その周上には4つの平面ガラス窓を配し、窓柱は15度内側に傾け、前端の幕板と屋根板の接合部を引き下げた屋根の形や、裾部が丸み込んだ床下のスカート、砲弾型の前照灯など、その洗練したスタイルは"国電の女王"といった趣

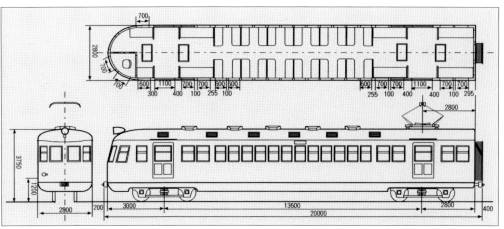

"流電"第1次車モハ52形の形式図。第1次車のみ最前席はロングシートながらも前面窓直下まで配し"展望席"のようだった
作図:塚本雅啓

第2部　117系開発の経緯と車両概要　■　51

だった。車体塗色は少し赤みがかったマルーンの地色に、窓枠・側扉・スカートはクリーム色を配し、運転室側面の二段窓上部には赤文字で"急行"と表示、阪神間の"急電"の目玉として活躍した。ちなみに、運転室は半室式で、その横の座席はロングシートながらも前面窓の直下まで配し、料金不要の"展望席"としても注目された。

昭和12年（1937）3月15日には、同年夏の京都電化に備え、側窓をワイドにし、前照灯は埋め込み式に変え、運転室を全室化した第2次車が2本竣工した。車体塗色もクリームを地色に、窓まわりとスカートをマルーンに変えるなど、よりダンディーになった。第2編成は6月25日、第3編成は8月25日から営業運転を開始したが、同区間の「急電」は原則として"流電"に置き換えられ、識別のため第1次車は"旧流"、第2次車は"新流"と呼称されることもあった。ちなみに、"流電"に採用されたクリームとマルーンの塗装は、戦後に走った80系湘南形電車使用の「急電」や、のちに新快速用として開発された117系などに踏襲されている。

昭和12年8月には京都－吹田間の電化が完成し、このとき「急電」用に第3次車として4両編成2本の増備車が新製された。しかし、

昭和12年に登場した"流電"の第2次車。側窓を広窓化し、前照灯は埋め込みタイプに変更。車体塗色もクリームを地色に窓まわりとスカートをマルーンに変更、よりダンディーになった。川崎車輛 昭和12年3月頃 写真・高田隆雄

先頭車は前面を貫通型にしたモハ43形で、車号は既存車からの追番、車体塗色もマルーン1色、スカートも省略された。これは"流電"に乗務員扉がなく、スカートは検修面で面倒など、現場サイドから不評をかっていたための措置だという。しかし、前面は半流線型でノーシル・ノーヘッダー、張り上げ屋根で、側窓も52系の第2次車と同じ広窓にするなど、概念は"流電"グループの第4・第5編成と位置づけられたが、半流線型で登場した。第4編成が9月17日、第5編成は9月18日から営業運転に就いた。そして、10月10日からは正式に電気運転がスタートし、「急電」は運転区間を京都－神戸間に拡大した。ちなみに、「急電」は京都－大阪間を最速34分、大

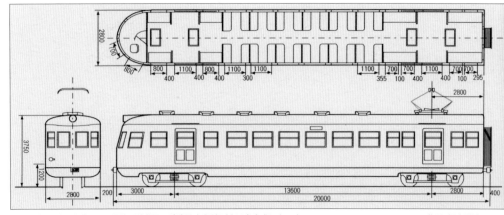

"流電"第2次車モハ52形の形式図。乗務員室（運転室）は全室式になった　　　　作図・塚本雅啓

阪−三宮間は同25分で疾駆。停車駅は京都・大阪・三宮・元町・神戸で、そのスピードは当時の超エリート列車、特急「燕」より速く、私鉄との競争が激化した。

しかし、太平洋戦争による戦時輸送強化のため、昭和16年(1941)頃より"流電"のスカートは撤去され、急行電車の運転も翌17年(1942)11月13日に限りで廃止。決戦輸送の特殊事情で、サロハの2等室も3等に格下げされる。また、第1〜第3編成の先頭車は"流電"のため乗務員扉がなく、決戦輸送中は中間車に使用されることが多く、車体塗色もマルーン1色に変更された。

昭和24年「急電」が復活！

戦後は私鉄より遅れたものの復興期の昭和24年(1949)4月10日、京都−大阪間で急行電車が復活した。同年6月1日には公共企業体の日本国有鉄道(国鉄)がスタートし、「急電」の運転区間も京都−神戸間に拡大。このとき"流電"2本が主役に返り咲き、車体塗色は濃淡の青に赤帯を巻いた新デザインに変更された。

昭和25年(1950)10月1日のダイヤ改正では、「急電」用に新製80系湘南形電

昭和12年夏に増備された第3次車は、モハ52形の第2次車がベースながらも前面貫通型の半流線型となった。車号もモハ43形の追番だった。第3次車使用の急電電車。東海道本線 西宮−芦屋間 昭和13年4月頃 写真：高田隆雄

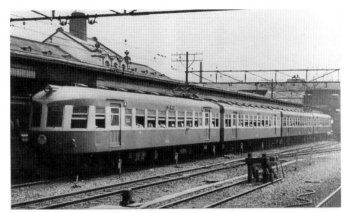
戦後「急電」が復活し、京都−神戸間に運転区間が拡大された時、"流電" 4両編成2本が濃淡青に赤帯の新塗装で「急電」用に返り咲いた。京都 昭和24年7月 写真：権田純朗

昭和25年10月改正で「急電」に80系湘南形電車を投入、マルーンとクリームのツートンカラーで戦前の"流電"を彷彿。当初は4両編成、翌26年8月には5両編成に増強。羽根つきの急行ヘッドマークも掲出。東海道本線 山科 昭和32年8月8日 写真：堀冨孝史

車を投入。車体塗色は湘南形オリジナルのオレンジとグリーンのツートンカラーではなく、チョコレート色っぽいマルーンの地色(ブドウ3号)に窓まわりはクリーム色(クリーム3号)を配した"関西色"で登場した。京阪神間を走る「急電」はすべて80系の4両編成に置き換えられ、所要時間も戦前全盛期並みに復活した。そして、昭和26年(1951)8月にはサハを増結し5両編成に増強され、前頭部には羽根つきの「急行」ヘッドマークを掲出。その後は増発・スピードアップが続き、ライバルの京阪電鉄、京阪神急行電鉄、阪神電鉄も新型車の投入や速達ダイヤで対抗、ライバル決戦はますます白熱化した。

"流電"は阪和線〜飯田線に舞台を移す

80系の投入で余剰となった"流電"は阪和線に舞台を移し、一部は車体塗色を戦前を彷彿させるクリームとマルーンに変更。このカラーは通称"阪和特急色"と呼ばれ、料金不要の特急などに使用された。

しかし、阪和線にも3扉近郊形の"スカ形"70系が進出。昭和30年(1955)12月1日から営業運転を開始すると、特急は70系が主役となり、"流電"は同32年(1957)4月〜9月に飯田線へ転出。東海地方でもその優美な姿が見られるようになる。飯田線では衣裳を変え、まずは快速をメインに活躍した。

※"流電"についての詳細は沢柳健一著『旧型国電50年Ⅰ・Ⅱ』(平成14・15年〈2002・2003〉JTB刊)などをご参照ください

マルーンとクリームながら前面は「金太郎塗り」の"阪和特急色"をまとった"流電"。同色のモハ52形とぶどう色の一般車と混結で走る阪和特急。杉本町ー浅香間 昭和27年1月27日 写真:高橋 弘

飯田線快速色の"流電"はほかの形式とも連結し2両編成の普通電車にも活躍した。豊橋 昭和33年8月23日 写真:若尾 侑

飯田線は"流電"晩年の舞台

"流電"ことクモハ52形電車は20年以上にわたり飯田線でも活躍。それは名車の晩年を飾る山紫水明の舞台で、永訣の日は昭和53年(1978)11月19日だった。当日は豊橋駅で静岡鉄道管理局主催による惜別セレモニーを挙行、豊橋ー新城間で1往復の"さようなら運転"も行われた。

豊橋駅での"さようなら記念式典"。昭和53年11月19日

JR西日本 吹田総合車両所本所と JR東海「リニア・鉄道館」で保存展示中の"流電"

 "流電"モハ52形(昭和34年6月1日の車両称号規定改正で運転台付き電動車はクモハに変更)は晩年を国鉄飯田線で過ごしていたが、昭和53年(1978)の廃車後、狭窓で第1次車のモハ52001号車は大阪鉄道管理局の尽力で古巣の吹田工場に帰還。半室式運転台化やスカートの取り付け、パンタグラフのPS13からPS11への交換、車体塗色を第2次車登場当時のカラーに戻すなど、可能な限りの復元工事を受けた。昭和56年(1981)10月14日には準鉄道記念物に指定され、民営化後はJR西日本に引き継がれた。現在、吹田総合車両所本所玄関奥(通用門前)に展示され、同所の一般公開時は車内も見学可能である。

 一方、広窓で第2次車のクモハ52004号車は、飯田線沿線の日本車輌製造豊川蕨製作所で保管されていたが、民営化後はJR東海の手により、平成3年(1991)4月21日に飯田線の中部天竜駅構内に開設された「佐久間レールパーク」に移設。のち車体塗色を戦前の京阪神「急電」時代のクリームとマルーンのツートンカラーに変更、前照灯の埋め込みタイプ化やスカートの設置など、一部復元工事を受けた。同館閉鎖後は、名古屋市港区の金城埠頭に平成23年(2011)3月14日に開館した「リニア・鉄道館」に入り、可能な限りの復元工事も施工され、屋内展示の目玉として車内も公開されている。

JR西日本 吹田総合車両所本所玄関奥に保存されている狭窓で第1次車のモハ52001号車。半室式運転台、スカート取り付けなど可能な限りの復元工事を受けている

JR東海「リニア・鉄道館」にいる広窓で第2次車のモハ52004号車も可能な限り往時の姿に復元されている。同車の前照灯は埋め込み式だ

丸みを帯びた"流電"の前頭部、前部左右上段窓に記載された「急行」表示と砲弾型前照灯が古き良き時代を彷彿させる。モハ52001号車

広窓のボックス間には4人掛けボックスシートが並ぶ。モハ52004号車

モハ52004号車のサイドビュー、行先表示は車体中央側窓上部に掲出

料金不要の急行は快速に改称

　昭和31年(1956)11月19日には東海道本線の全線電化が完成、「急電」の一部は米原まで延長され、米原－神戸間をロングランする列車も登場。ただし、米原－京都間は各駅停車の普通だった。

　翌32年(1957)10月1日のダイヤ改正では、名古屋－大阪間に電車準急を新設。同年11月15日には愛称が「比叡」と命名されたが、この列車には車内設備を急行用10系客車並みに改良した全金属製の80系300番台が投入された。しかし、同じ80系でも準急料金が必要な列車と、料金不要で速達サービスが受けられる急行の存在は、営業制度上で違和感を生じるため、改正前の9月25日から「急電」は快速(快速電車)に改称、「急行」のヘッドマークも姿を消した。

　また、米原では名古屋方面からの80系ローカル列車とも顔を会わすため、80系の車体塗色を統一化することになり、オリジナルの"関西色"も順次、"湘南色"に塗り替えられた。その後、80系の快速は電化区間が西へ延びると、姫路から上郡、さらには赤穂線の播州赤穂まで乗り入れたが、西明石以西は各駅に停車した。

　なお、阪和線の料金不要の特急・急行は、昭和33年(1958)10月1日に快速・直行に改称。さらに直行は同44年(1969)4月25日、区間快速に改称された。

日本万国博輸送で活躍した"スカ色"113系。京都　昭和45年4月10日　写真：秋元良一

80系から113系へ

　時代は流れ、国鉄でも近郊形電車の新性能化が始まる。関西地区では昭和39年(1964)7月から9月にかけて、3扉セミクロスシートの113系が投入された。車体塗色は80系と同じ"湘南色"で、9月18日から快速の一部に暫定使用され、10月1日のダイヤ改正から本格営業に就いた。

　捻出の80系は山陽本線の全線電化に伴う客車列車の電車化用に転出。その後も113系の増備は続き、昭和43年(1968)10月1日改正で置き換えを完了。同改正では快速の運転区間を京都－西明石間に延長、15分ごとに増発された。

　一方、大阪府の千里丘陵では昭和45年(1970)3月15日から9月13日まで、「日本万国博覧会(万博) EXPO'70」が開催された。この輸送の主役は113系で、関西地区配置車に加え、新造車のほか首都圏の大船電車区から横須賀線用の"スカ色"車も応援にかけつけた。これらの車両を使って快速は11～12両に増結、世紀の大輸送を行ったのである。

速達列車「新快速」を新設

　万博終了後、波動輸送用に活躍した"スカ色"113系はそのまま関西地区に残留。これらの車両を使用し、昭和45年(1970)10月1日、新しい速達列車「新快速」が新設された。基本7両編成で、運転区間は京都－西明石間に6往復、データイム1時間ごとの運転である。停車駅は京都・大阪・三ノ宮・明石・西明石で、なんと東海道新幹線のターミナル＝新大阪を通過し、京都－大阪間は電車特急並みの最速32分で疾駆。"スカ色"のまま使用したのは、"湘南色"の快速との識別化を図るためで、前頭部には

万国博輸送後に残留した"スカ色"113系を使用して昭和45年10月1日改正で登場した新快速。
大阪　昭和45年10月10日
写真：秋元良一

「新快速」と書かれたヘッドマークも掲出した。

新快速は翌46年（1971）4月26日改正で、6往復中下り1本を除く全列車が東の起終点を草津まで延長した。草津－京都間も速達運転を行い、途中の停車駅は石山と大津だけ。編成は従来通り7両だが、草津延長で1本増の5本必要となり、不足の1本は"湘南色"の快速用が充当された。

その後、113系の冷房化改造が始まる。冷改車は新快速から順次投入され、車体塗色も出場車から"湘南色"に変更。過渡期には混色編成も見られたが、のち関西地区から"スカ色"が姿を消している。

新快速に153系「ブルーライナー」を投入

昭和47年（1972）3月15日、山陽新幹線の新大阪－岡山間が開業した。この日実施されたダイヤ改正では、関西地区と山陽・九州方面を結ぶ昼行優等列車は岡山発着に変更。それまで急行「鷲羽」（新大阪－宇野間）、急行「とも」（新大阪－三原間）などに使用していた急行形153系電車（冷房改造済）は、6両編成17本に組み替えられて新快速に転用された。車体塗色もパールホワイトの地色にスカイブルーの帯を巻いた新塗装に改装、「ブルーライナー」の愛称もついた。ちなみに、この塗装は戦後復活の「急電」に返り咲いた"流電"の塗装を意識した感もある。

運転区間も下りの起終点を姫路まで延長、運転系統は①草津－西明石、②京都－西明石、③京都－姫路の3タイプで、停車駅は草津・石山・大津・京都・大阪・三ノ宮・明石・（西明石）・加古川・姫路、このうち③の姫路系統は西明石を通過した。設定時間はデータイムのみだが、運転本数は毎時①と③が各1往復、②が2往復、各系統が重複する京都－明石（西明石）間は毎時4往復・15分ごとの大増発となった。また、草津－高槻間の最高速度が時速95kmから時速110kmにアップ、京都－大阪間は最速29分に短縮された。

急行用車両を転用したオール冷房車の新快速は大好評を博し、153系化後の昭和48年（1973）10月1日改正では、西明石止まり7往復を姫路まで延長、明石－姫路間は30分ごとに増強されている。

なお、阪和線にも昭和47年（1972）3月15日改正で新快速を新設。東海道・山陽本線の153系化で捻出した113系を「ブルーライナー」カラーに変更。阪和線初の冷房車で、旧型国電の牙城だった同線に新風を吹き込んだ。赤の羽根つき種別マークを掲げて疾駆し、並行する南海電鉄南海本線に対抗したが、昭和

第2部　117系開発の経緯と車両概要　57

52年（1977）3月15日改正で停車駅を増やし、翌53年（1978）10月2日の紀勢本線新宮電化開業に伴うダイヤ改正で快速に統合された。

　一方、昭和49年（1974）7月20日には湖西線（山科−近江塩津間74.1km）が開業したが、このとき京都−堅田間にも9往復の新快速を新設。大半は京都−西明石系統の延長だが、大阪方面から湖西地区へ直通する"速足"として歓迎された。

　翌50年（1975）3月10日、山陽新幹線の博多開業に伴うダイヤ改正では、新快速に使用される153系は6両編成20本に増強。一部のクハには165系も混結されていて、バラエティー豊かな編成も存在した。

　昭和53年（1978）10月2日のダイヤ改正では、新快速が神戸にも停車するようになった。この時、京都発下り、大阪発上下、神戸発上りのダイヤはデータイム、毎時00・15・30・45分発のかっきり発車に揃えられ、時刻表不要のわかりやすいダイヤとスピードをセールスポイントに、並行する私鉄各社に追い打ちをかけた。

新快速には昭和47年3月15日改正で急行形153系の改装車を投入、「ブルーライナー」の愛称も付いた。京都　昭和51年3月16日

先頭車には急行時代の愛称用ヘッドマークを活用し「新快速」と掲出。三ノ宮　昭和53年3月11日　写真：秋元隆良

旧駅舎時代の京都駅に掲出された新快速のPR看板。京阪神間は15分ごとに運転。京都駅発下り、大阪駅発上下、神戸駅発上りは毎時、0・15・30・45分のかっきり発車に。昭和58年5月21日　写真：倉知満孝

東海道・山陽本線系統の新快速153系化で捻出した冷房化改造済の113系は、「ブルーライナー」カラーに化粧直しされ、阪和線の新快速に転用された。鳳　昭和47年3月21日　写真：秋元隆良

"私鉄風国電"117系。特急普通車並みの車内設備を誇る同系は国電近郊形の最高傑作でもあった。117系の投入で国鉄は競争力を高めた。上り新快速117系6連。山崎－神足　昭和59年2月26日　写真：福田静二

"私鉄風国電"117系が登場

　巨大な赤字に悩まされていた国鉄は昭和51年(1976)11月6日、平均50.4％におよぶ旅客運賃値上げを実施。その後も小幅ながらも運賃値上げを続け、ライバル私鉄との運賃格差は拡大していった。

　新快速のサービスも魅力はあるが、高い運賃が壁となり、乗客は横ばい。その難局を乗り越えるために開発されたのが、新系列117系電車である。

　関西地区の私鉄は特急でも大半が特別料金不要。中でも京都－大阪間は京阪電鉄(3000系)と阪急電鉄京都線(6300系)が2扉・転換クロスシートのデラックスカーで競い合い、急行形153系格下げの4人掛けボックスシートの新快速は見劣りがし、かつ2扉デッキ付きではラッシュ輸送が泣き所だった。そうした情況の中で、料金不要の私鉄特急に対抗するために開発されたのが"私鉄風国電"117系だったのである。

117系電車とは

　国鉄と私鉄との"ライバル決戦"が白熱化していた関西地区の東海道・山陽本線の新快速用に開発した直流近郊形電車で、国電の近郊形では初の2扉・転換クロスシートを採用、料金不要で乗れる私鉄の特急車並みの居住性を誇った。

　編成は6両固定で、クハ117形(Tc)＋モハ117形(M)＋モハ116形(M')＋モハ117形(M)＋モハ116形(M')＋クハ116形(Tc')の4M2T。2編成併結の12連での運用を考慮し、先頭のクハには国鉄初の自動解結装置が設置された。

　先頭車の前面は鼻筋の通った半流線型で非貫通式、高運転台でパノラミックウィンドウを採用し、前面は特別準急用で特殊特急形電車157系に類似する印象も受けた。先頭車が非貫通式の近郊形は、国電の新性能車では初めてだった。側窓は上段下降・下段上昇（い

いずれもバランサー付き)のユニット窓で、同じ頃九州地区に登場したキハ66系気動車と類似し、車体内外は前面を除き、同系をベースに改良を加えた感がある。

車内は国電の近郊形では初の２扉・転換クロスシートを採用。座席は車端などごく一部が固定式のほかは、広幅の転換クロスシートを装備し、背ズリの傾斜角度は15度。座席モケットは焦茶色で、ビニールレザー製でクリーム色の枕カバーも装着、シートピッチは当時の特急普通車並みの910mmとした。車内はクリームを基調に妻板部は木目調で仕上げ、吊革は扉付近も含めどこにも設置せず、落ち着きのあるムードを醸し出した。また、客室は冷房ダクトを収めた平天井で、天井長手方向に配された蛍光灯にはカバーが付き、冷風吹き出し口はラインフロー式のスリットタイプ。屋根には集中式の冷房装置ＡＵ75Ｃ (42,000cal/h)を、その前後には新鮮外気取り入れ用の室内換気装置(冬季対策用にヒーター内蔵)が搭載された。

117系は近郊形でもあり、ラッシュ時の乗降をスムーズにするためにデッキはなく、側扉は幅1300mmの両開き扉を採用、半自動扱いも可能とした。これは湖西線での使用を考慮しての措置で、耐寒耐雪対策も施された。

走行装置は可能な限り国電標準型を使用し、保守の省力化が図られた。電気機器のうちの主電動機(モーター)は特急形・近郊形で標準のＭＴ54Ｄ(定格出力120kW)を使用、歯車比は近郊形のため加減速性能を考慮し、111・113系と同じ１：4.82とした。ちなみに、急行形の153系・165系は１：4.21、117系の定格速度は低いものの、高速域では急行形並みの引張力が確保、低速域の加速性能を重視した。主抵抗器は強制通風式のＭＲ136、主制御器は特急形381系で実績のあるＣＳ43(発電抑速ブレーキ・ノッチ戻し制御、カム軸２軸独立駆動タイプ)を改良したＣＳ43Ａを搭載。集電装置はＰＳ16に耐雪仕様を施したＰＳ16Ｊで、最高速度は時速110kmとした。

台車は踏面片押し式ブレーキ(付随台車はディスクブレーキ)を装備し、特急形で耐寒耐雪構造のＤＴ32Ｅをベースに、側バリや枕

117系は６両編成を２本連結した12連運用もあったが、日本車輌製の新造車は豊川から豊橋経由で東海道本線を堂々12連で自力回送した。名古屋地区で117系の12連が見られたのはこの回送のみ。Ｃ11＋Ｃ12編成の12連回送。木曽川－岐阜間　昭和55年７月８日

バリを強化、軸箱体後部に防雪カバーを設置するなどの改良を加えた空気ばね台車を採用した。形式はモハがＤＴ32Ｈ、クハがＴＲ69Ｋである。

車体塗色はクリームの地色(クリーム１号)にマルーン(ぶどう色２号)の帯を配し、このいでたちは「急電」こと関西地区の東海道本線に走っていた料金不要の急行電車で戦前の流線型モハ52形、戦後の80系"関西色""急電"を踏襲した感もある。なお、トイレは６両編成の下り方先頭車(クハ116形)の妻部・山側１ヵ所のみとした。

営業運転開始は昭和55年１月22日

117系の第１編成は昭和54年(1979)９月12日、川崎重工業の兵庫工場で落成した。公式試運転は西明石－高槻間で落成日に実施され、同年10月13・14の両日には京都、大阪、神戸、姫路の各駅で一般向けの車両展示会も催された。

関西地区に地域性を強調したオリジナルの近郊形電車が投入されたのは、昭和初期の"流電"モハ52形以来であり、117系はその血統を踏襲。大阪鉄道管理局の意気込みはなかなかのものだった。

第１編成は宮原電車区(現:網干総合車両所宮原支所)に配属され、一般公募で「シティラ

大阪駅で挙行された117系新快速「シティライナー」の発車式。昭和55年１月22日　写真：中村卓之

イナー」の愛称もついた。その後は量産車の登場を待ち、翌55年(1980)１月22日から新快速に投入、営業運転を開始した。しばらくは153系との共演も続いたが、新快速全列車の117系化は同年７月９日で、７月末には予備車を含む６両編成21本が出揃ったのである。

ちなみに、当時の国鉄は運賃が高く敬遠されがちだったが、特急普通車並みの車内設備を誇る117系だけは大好評を博し、"乗り得車両"として高い評価を得た。

新快速の117系化で余剰となった153系(一部165系)は、老朽車こそ廃車になったものの、大半が田町電車区や大垣電車区、神領電車区などへ転属。名古屋地区では東海道本線を走る"中京快速"の冷房化に貢献したが、その一部は「ブルーライナー」カラーのまま"湘南色"の編成に組み込まれ、異彩を放っていた(詳細は31頁・49頁参照)。

117系は昭和55年１月22日から順次新快速運用に就いた。ライバル私鉄にはないトイレのサービスは６両編成の下り方先頭車１ヵ所に設置。京都　昭和58年５月21日　写真：倉知満孝

第２部　117系開発の経緯と車両概要

117系にマイナーチェンジ車が登場

増備車の100番台は側窓が1枚下降式となり台車はボルスタレス式となる。クハ116形100番台が先頭の下り普通。神足−山崎間　平成3年4月29日　写真：福田静二

中間電動車ユニットモハ116形＋モハ117形の100番台(イメージ、下関へ転属後に新下関で。平成22年3月30日撮影)

昭和60年(1985)3月14日改正で、新快速は東海道・山陽新幹線と接続する新大阪にも停車するようになる。そして、国鉄最後のダイヤ改正となった翌61年(1986)11月1日改正では、西明石に新快速の全列車が停車。このほか、データイムの西明石−姫路間で新快速の15分ヘッド化や一部列車の彦根延長などが行われた。

これに伴い117系にも6両編成3本の増備車が登場した。この増備車は既存タイプをベースにマイナーチェンジが施され、車号は100番台となる。外観上の変化は側窓を1枚下降式に変更し、座席にはセミバケットシートを採用。台車はボルスタレス式に変更されて、クハはTR235E、モハはDT50Cを履いた。

ちなみに、この117系100番台は見るからに洗練されたスタイルだが、増備車の登場で117系は総勢6両編成24本・144両になった。

大阪鉄道管理局の117系新快速 全盛期の編成表

0番台・100番台も含めた宮原電車区(大ミハ)昭和61年(1986)11月1日現在の編成

京都←編成番号	Tc クハ117	M モハ117	M' モハ116	M モハ117	M' モハ116	Tc' クハ116	→姫路 新製日・製造所
C1	1	1	1	2	2	1	昭和54 9/12 川重
C2	2	3	3	4	4	2	昭和55 1/29 川重
C3	3	5	5	6	6	3	昭和55 1/29 川重
C4	4	7	7	8	8	4	昭和55 1/12 近車
C5	5	9	9	10	10	5	昭和55 2/ 5 近車
C6	6	11	11	12	12	6	昭和55 2/ 5 近車
C7	7	13	13	14	14	7	昭和55 2/26 川重
C8	8	15	15	16	16	8	昭和55 3/13 近車
C9	9	17	17	18	18	9	昭和55 4/22 日車
C10	10	19	19	20	20	10	昭和55 4/22 日車
C11	11	21	21	22	22	11	昭和55 7/ 8 日車
C12	12	23	23	24	24	12	昭和55 7/ 8 日車
C13	13	25	25	26	26	13	昭和55 4/ 8 川重
C14	14	27	27	28	28	14	昭和55 4/ 8 川重
C15	15	29	29	30	30	15	昭和55 6/ 3 川重
C16	16	31	31	32	32	16	昭和55 6/ 3 川重
C17	17	33	33	34	34	17	昭和55 6/17 川重
C18	18	35	35	36	36	18	昭和55 6/17 川重
C19	19	37	37	38	38	19	昭和55 5/14 近車
C20	20	39	39	40	40	20	昭和55 5/14 近車
C21	21	41	41	42	42	21	昭和55 7/15 近車
C22	101	101	101	102	102	101	昭和61 8/26 近車
C23	102	103	103	104	104	102	昭和61 9/ 6 東急
C24	103	105	105	106	106	103	昭和61 9/ 9 川重

囲み内は昭和61年11月1日改正で登場した100番台(マイナーチェンジ車)
製造所の名称　川重＝川崎重工業　日車＝日本車輌製造　近車＝近畿車輛　東急＝東急車輛製造

大阪鉄道管理局仕様 117系の主要諸元

形式	クハ117	クハ117	クハ116	クハ116
車号	1～21	101～103	1～21	101～103
自重(t)	35.9	31.3	36.8	32.2
最大長(mm)	20,280	20,280	20,280	20,280
最大幅(mm)	2,946	2,946	2,946	2,946
最大高(mm)	4,066	4,066	4,066	4,066
パンタ折りたたみ高さ(mm)	—	—	—	—
台車形式	TR69K	TR235E	TR69K	TR235E
歯車比	—	—	—	—
制御方式	—	—	—	—
パンタグラフ形式	—	—	—	—
最高運転速度(km/h)	110	110	110	110
ブレーキ方式	電磁直通ブレーキ・直通予備ブレーキ・手ブレーキ	電磁直通ブレーキ・直通予備ブレーキ・手ブレーキ	電磁直通ブレーキ・直通予備ブレーキ・手ブレーキ	電磁直通ブレーキ・直通予備ブレーキ・手ブレーキ
主電動機形式×個数 主電動機出力(kW)	—	—	—	—
冷房装置形式×個数 冷房装置容量(kcal/h)	AU75B×1 42,000	AU75E×1 42,000	AU75B×1 42,000	AU75E×1 42,000
便所×個数	—	—	和式×1	—
製造初年	昭和54年	昭和61年	昭和54年	昭和61年
記事		側窓 1段下降式		側窓 1段下降式

形式	モハ117	モハ117	モハ116	モハ116
車号	1～42	101～106	1～42	101～106
自重(t)	43.7	40.1	43.0	39.8
最大長(mm)	20,000	20,000	20,000	20,000
最大幅(mm)	2,946	2,946	2,946	2,946
最大高(mm)	4,066	4,066	4,066	4,066
パンタ折りたたみ高さ(mm)	4,140	4,140	—	—
台車形式 歯車比	DT32H 17:82=1:4.82	DT50C 17:82=1:4.82	DT32H 17:82=1:4.82	DT50C 17:82=1:4.82
制御方式	直並列・弱界磁・発電ブレーキ総括制御・電動カム軸接触式 CS43A	直並列・弱界磁・発電ブレーキ総括制御・電動カム軸接触式 CS43A	直並列・弱界磁・発電ブレーキ総括制御	直並列・弱界磁・発電ブレーキ総括制御
パンタグラフ形式	PS16J	PS16J	—	—
最高運転速度(km/h)	110	110	110	110
ブレーキ方式	発電ブレーキ併用電磁直通ブレーキ・直通予備ブレーキ	発電ブレーキ併用電磁直通ブレーキ・直通予備ブレーキ	発電ブレーキ併用電磁直通ブレーキ・直通予備ブレーキ	発電ブレーキ併用電磁直通ブレーキ・直通予備ブレーキ
主電動機形式×個数 主電動機出力(kW)	MT54D×4 120	MT54D×4 120	MT54D×4 120	MT54D×4 120
冷房装置形式×個数 冷房装置容量(kcal/h)	AU75B×1 42,000	AU75E×1 42,000	AU75B×1 42,000	AU75E×1 42,000
便所×個数	—	—	—	—
製造初年	昭和54年	昭和61年	昭和54年	昭和61年
記事		側窓 1段下降式		側窓 1段下降式

※PS16JはPS16の耐雪仕様

大阪鉄道管理局仕様　117系の車両形式図

クハ117形式 1～21号 形式図　(1/200)

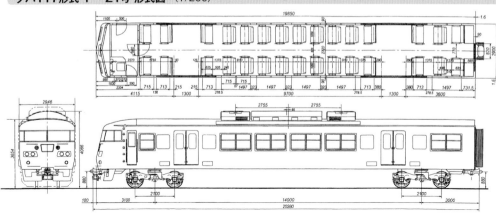

クハ116形式 1～21号 形式図　(1/200)

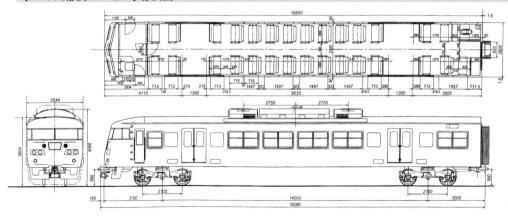

クハ117形式 101～103号 形式図　(1/200)

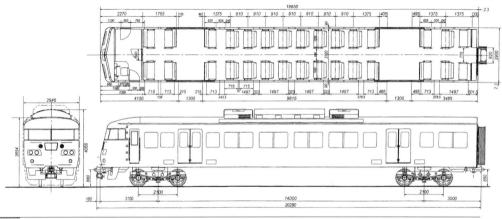

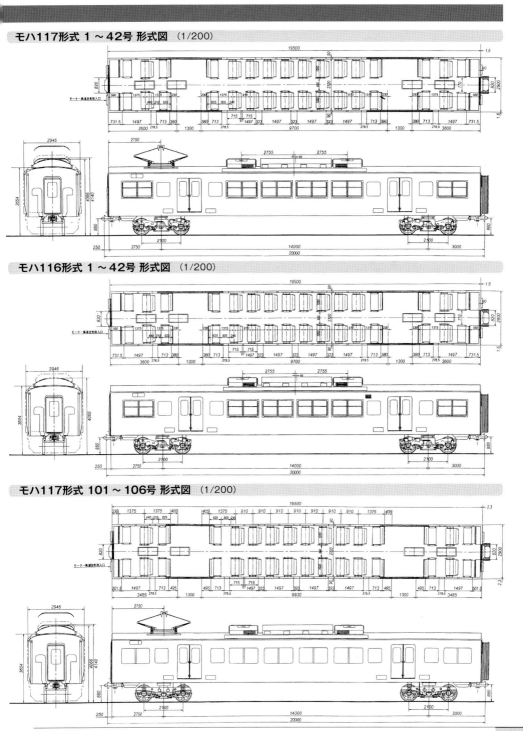

第3部 "私鉄風国電"117系が名古屋にも参上

　国鉄名古屋鉄道管理局（以下、名鉄局）は、長期ビジョン「ＰＬＡＮ'80 国鉄名古屋」の実現を目指し種々施策を展開していた。東海道本線の快速電車には、"関西新快速"で実績のある117系"名古屋仕様車"の導入も決定した。

　しかし、このプロジェクトのリーダーだった名鉄局長の須田 寛氏は、同計画を公表した半年後の昭和56年（1981）7月、国鉄本社旅客局の局長に栄転。後任の名鉄局長、室賀 実氏がそれを引き継ぎ、陣頭指揮を執ったのである。もちろん須田氏も本社の立場から名鉄局を応援し、名古屋地区での117系導入効果に期待をかけた。

名古屋にも参上した"私鉄風国電"117系。"名古屋仕様車"は地域に適した改良が加えられた。東海道本線を快走する「東海ライナー」117系6連、下り大垣行き快速。名古屋－枇杷島間（撮影協力：国鉄名鉄局）　昭和57年5月17日

117系が名古屋にもやってきた

　国鉄は昭和56年度本予算車・昭和56年度第1次債務車として、名鉄局向けに117系6両編成（固定）2本を新製。昭和57年（1982）1月にはその117系"名古屋仕様車"の第1陣が大垣電車区に回着した。

　基本仕様は大阪鉄道管理局（以下、大鉄局）の関西「新快速」、「シティライナー」に活躍している"本家"117系と同じで、車体塗色もクリームの地色にマルーンの帯といういでたちである。そして、車号は各形式とも大鉄局車からの追番となった。

117系"名古屋仕様車"とは

　名古屋の117系は地域に適した仕様に改良され、"本家"117系とは異なる部分もあった。主な変更箇所は、分割併合の運用がないことを前提に、自動解結装置と電気連結器を省略。スカートの形状も変更された。また、降雪区間での走行も想定せず、耐寒耐雪装備を省略。戸袋ヒーターやスノウプラウは未装備とした。パンタグラフも耐寒耐雪型ではなく一般型のＰＳ16を採用、戸閉装置も半自動扱いを省略し自動式とした。

　しかし、サニタリーサービス充実のため、浜松方先頭車のクハ117形にもトイレを設置、トイレは1編成中2ヵ所とした（大鉄局用は1ヵ所）。

愛称は「東海ライナー」

　名古屋の117系は一般公募により「東海ライナー」の愛称が決定、昭和57年(1982)2月20日と21日の両日に名古屋駅1番線で車両展示会、大垣-名古屋間と名古屋-蒲郡間で一般公募の試乗会も実施。2月20日の名古屋発蒲郡行きの試乗列車では、「東海ライナー」の記念発車式が挙行された。

　これらに参加した人たちの感想は、「国鉄離れした電車」とか「私鉄みたいな国電」など、それまで名古屋鉄道(以下、名鉄)の高水準のサービスが習慣になっていた名古屋人も、誰もが国鉄の"底力"を高く評価した。ライバルの名鉄は117系を意識し、パノラマカー7000系の車内を改良した"白帯車"を、昭和57年2月22日から名古屋本線の特急(有料・座席指定)に順次投入した(詳細は10頁参照)。

本格営業運転は
昭和57年5月17日から

　117系は引き続き昭和57年3月に6両編成3本、4月と5月にも6両編成各2本を新製し、総勢54両となる。一部の編成は3月から東海道本線の快速に投入され、暫定営業を開始した。それまで急行「東海」の静岡以西廃止で余剰となった153系・165系の8両編成

営業開始前の名古屋駅1番線で催された117系の展示会。昭和57年2月20日

「東海ライナー」117系登場当時は毎時、快速と普通が各1本だった。『交通公社の時刻表』(昭和57年6月号)から転載

車内は転換クロスシートが並ぶ。側扉付近も含め吊革はない。座席の枕カバーは営業開始後しばらくしてから装着

前面非貫通のため運転室は広々としている。クハ116-29号車

モハ117形・モハ116形は空気ばね台車、DT32H

クハ117形・クハ116形が履く空気ばね台車、TR69K

「東海ライナー」の試乗会を報じる『中日新聞』。(昭和57年2月20日付け夕刊)　提供：中日新聞社

第3部　"私鉄風国電"117系が名古屋にも参上

で運転していた快速電車は、昭和57年3月中旬から順次117系に置き換えられ、最終的には6両編成9本54両が出揃い、同年5月17日のダイヤ改正から本格営業に就いた。

117系は東海道本線、豊橋(浜松)−大垣間の快速をメインに活躍し、一部の普通列車にも投入。終日6両編成で運行。当初は"美濃赤坂線"を除き、原則として大垣以西の営業列車には使用されなかった。

117系の増備車 100番台が登場

昭和61年(1986)10月上旬から下旬にかけ、117系の増備車100番台が登場した。名鉄局向けは既存の6両編成9本を4両編成18本に組み替えるための増備で、先頭車のクハのみ18両が新造された。組成変更後の基本編成は2M2Tとし、増備車はクハ117形(Tc)、クハ116形(Tc')ともトイレは未設置。名鉄局増備車のクハ116形は200番台となる。大鉄局仕様の増備車は6両編成で、クハ116形101〜103号車にもトイレを設置した。

0番台との相違点は側窓が2連ユニットの上段下降・下段上昇式から新構造の2連ユニット1段下降式に変更、台車もボルスタレス式に変わり、サイドビューの印象が変わった。

座席は転換クロスシートにセミバケットタイプを採用、ヒーターは座席の下に吊り下げ、座席の下のスペースを拡大。妻面化粧板は濃い木目調から明るい木目調に変更。運転室背面の機器配置も変更し背面窓を拡大、運転士席の背面にも窓を設置し左右対称とした。

編成短縮で快速増発
愛称名は「シティライナー」

国鉄分割民営化を翌年に控えた昭和61年

日本車輌から大垣に向かう117系100番台の回送列車。既存の0番台6両編成の両端に、クハ117形100番台とクハ116形200番台を背中合わせに連結。堂々10連の珍編成が東海道本線を走った。名古屋−枇杷島間 昭和61年10月16日

4両編成化された117系。クハ116形200番台が先頭の下り大垣行き快速。東海道本線 弁天島−新居町間 昭和62年4月15日

転換クロスシートにセミバケットシートを採用した117系増備車の車内。昭和63年5月26日

117系増備車クハ117形100番台・クハ116形200番台はボルスタレス式空気ばね台車、TR235を履いた(イメージ)

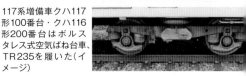

(1986)11月1日のダイヤ改正で、東海道本線の快速は毎時2往復に増発。この増発用に前述のごとく、組成変更で117系は4両編成18本になる。トイレは6両編成から4両編成になったため、編成中1ヵ所。しかし、編成本数の倍増で117系は中央本線(西線)にも進出した。同改正では117系のほか、名古屋仕様の211系0番台の4両編成2本8両も新製。同系は東海道本線のみでの運用だが神領

最高時速120km運転が可能な新型車311系。平成元年7月9日の金山総合駅の開業に合わせ新快速をメインに営業運転を開始。東海道本線を疾駆する上り蒲郡行き新快速311系4連。五条川(信)－枇杷島間 平成元年7月11日

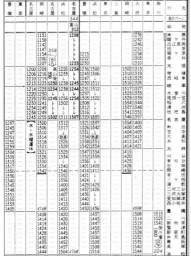

昭和61年11月1日改正は民営化移行前の国鉄最後のダイヤ改正。毎時、快速1～2本。普通2～3本のパターンダイヤ化された。『交通公社の時刻表』(昭和61年11月号)から転載

電車区(現：神領車両区)に配置され、同時に117系も全車両が同区へ転属した。

同改正では、名古屋地区の東海道本線と中央本線を走る快速の愛称を「シティライナー」に統一。11月1日には、新型車211系0番台を使用した東海道本線の快速の発車式を名古屋駅0番線で挙行(32頁参照)。117系は朝夕の輸送力列車で2編成連結の8連運用もできた。また、117系は東海道本線の運用区間が米原まで延び、冬場は豪雪地帯となる関ヶ原地区でも活躍するようになった。しかし、戸閉め装置は半自動に設定しても自動扱いとなり、冬場は停車中に冷たい風が流れ込み、車掌さんは車内保温に気を遣っていたという。

117系も新快速に活躍！

昭和62年(1987)4月1日、国鉄分割民営化でJR東海こと東海旅客鉄道が誕生した。

民営化後、意欲満々のJR東海は平成元年(1989)3月11日のダイヤ改正で、東海道本線に停車駅の少ない新快速を新設。データイムには毎時、快速4本(うち新快速2本)・普通4本の「4・4ダイヤ」が実現した。

新快速の運転区間は蒲郡(一部は岡崎)－大垣間で、211系0番台と117系を使用。名古屋－大垣・名古屋－岡崎間はいずれも最速30分。同改正では211系0番台と117系が神領電車区から大垣電車区に転属。117系は原則として中央本線から撤退した。

新型車311系が登場

当時は117系の黄金時代だったが、快速電

平成元年3月11日改正で毎時、快速4本・普通4本の「4・4ダイヤ」が実現。新快速は蒲郡まで。『交通公社の時刻表』(平成元年4月号)から転載

車のスピードアップと主要駅間の到達時分短縮のため、平成元年(1989)6月、最高時速120km運転が可能な新型車311系が登場。大垣電車区に第1次車4両編成5本20両が配置された。

領電車区に配置。新製車のTcはトイレ付きのため5300番台で区分し、211系5000番台グループの4両編成タイプ17本がトイレ付きとなる。同改正では中央本線の快速に211系5000番台トイレ付き車が投入された。

117系に新塗装の試験塗装車が登場

311系が登場すると117系もイメージチェンジを図るため、平成元年(1989)6月には新塗装の試験塗装車が登場した。

同年6月12日に名古屋工場を出場したのは、クリーム12号の地色に車体側面雨樋部と前面・側面窓下部にJR東海のコーポレートカラーのオレンジ色の帯を配したS4編成、クハ117-105+モハ117-44+モハ116-44+クハ116-22で、翌6月13日から営業運転に就いた。

金山総合駅の誕生と117系

平成元年(1989)7月9日、名古屋の副都心＝金山に金山総合駅(JR東海道本線・中央本線、名鉄名古屋本線、地下鉄名城線)が開業し、東海道本線に金山駅が誕生した。この日実施されたダイヤ改正では311系が営業運転を開始し、蒲郡系統には原則として311系を投入、117系の新快速運用は半減した。

このほか、新製増備の211系5000番台を神

117系に新塗装車の"決定版色車"が登場！

117系新塗装の"決定版色車"が、平成元年(1989)10月27日、名古屋工場を出場した。第1陣はS13編成、クハ117-26+モハ117-51+モハ116-51+クハ116-204。同年6月の試験塗装車は地色がクリーム12号だったが、"決定版色車"はクリーム10号に変更。側窓下部には幅225mmと45mmのオレンジの帯を配し、前面帯はやや太め、車体側面の雨樋もオレンジ色となる。

ちなみに、このデザインは311系に類似しているが、JR東海の117系は全編成がこの塗装に変更、平成3年(1991)3月までに塗り替えを完了した。

311系を増備

平成2年(1990)2月、311系の2次車4両編成8本32両が増備された。外観は1次車とほぼ同じだが、車内インテリアなどをマイナーチェンジ。翌3年(1991)にも3次車4

平成元年6月、117系S4編成は311系に類似した新配色の試験塗装車となる。東海道本線 三河三谷 平成元年6月14日

平成元年10月には117系新塗装車の"決定版色車"が登場、トップはS13編成。試運転中の同編成。東海道本線 枇杷島 平成元年10月27日

クハ117形0番台・クハ116形0番台の運転室運転席背面は当初、全体が仕切り壁だったが(左)、JR東海継承車は平成3年10月から翌2年9月までに小窓を新設した(右)

名古屋方面から飯田線に直通する快速「ナイスホリデー奥三河」には117系を投入。東海道本線 名古屋 平成2年3月10日

両編成2本8両を増備したが、3次車は側窓の一部が固定窓に変更された。

新快速の運転区間を豊橋まで拡大

　平成2年(1990)3月10日のダイヤ改正で、東海道本線の新快速の運転区間を豊橋－大垣間に拡大。豊橋まで足を延ばし、名鉄特急との"ライバル決戦"が本格化した。新快速は原則として311系、快速には引き続き117系を使用。
　また、休日ダイヤがスタートし、東海道本線・中央本線(西線)・飯田線に快速「ナイスホリデー」を新設。飯田線には「ナイスホリデー奥三河」を運転し、同線の豊川以北に117系が初入線。中央本線には「ナイスホリデー妻籠・馬籠」を117系で運転し、同線に117系の運用が復活した。

117系0番台車の運転室背面に小窓を新設

　117系0番台のクハ117-22～30・クハ116-22～30号車は新製時、運転室運転士側の背面はすべて壁だったが、平成3年(1991)10月から翌4年(1992)9月にかけ、同背面に小窓を設ける改造が施工された。

117系の一部車両の車端部をロングシート化

　ラッシュ時の混雑緩和を図るため、平成4年(1992)に117系のS3編成が2月22日、同S10編成は3月18日、Tcのクハ117-112とクハ117-29、Tc'のクハ116-30とクハ

車端両側がロングシート化されたクハ117-29号車。トイレ前の座席は固定式2人掛けクロスシートのままだ

クハ116-201号車の運転室背面ロングシート部。両側に3人掛けロングシートが並ぶ。ここは優先席に指定

116-201の4両の車端部をロングシートに改造。ただし、トイレ横は2人掛け固定クロスシートのままとした。

JR東海在来線車両の足回りの塗装を変更

　名古屋工場を平成6年（1994）3月に出場した車両から、台車・床下機器のカラーを黒から灰色（グレー）に変更。117系はS4編成から施工。以後、全車両を対象に実施された。
　また、平成6年10月から12月にはパンタグラフの上枠、すり板設置部分などをPS21仕様に改造する工事も施工された。

"平成のスタンダード"313系電車が登場

　JR東海在来線の標準型電車として平成11年（1999）2月、"平成のスタンダード"313系0番台が登場。同年7月には東海道本線用0番台が大垣車両区に配置され、7月15日から新快速をメインに活躍を始めた。
　313系は7月20日までに4両編成6本24両が整備され、順次、従来の311系の運用に充当。新快速は313系に置き換えられ、捻出の311系は快速用に回った。余剰の113系は初期製造車から順次廃車。313系0番台は総勢4両編成15本60両を新製し、同年9月からは2両編成タイプの300番台16本32両も新製。117系は311系が快速運用に回ると順次、データイムの運用から外れていった。

「JRセントラルタワーズ」の開業と117系

　JR名古屋駅の新しい駅ビル、平成11年（1999）12月20日に開業する「JRセントラルタワーズ」への輸送を考慮したダイヤ改正が

"平成のスタンダード"313系。ラッシュ時には2両編成の300番台と4両編成の0番台を連結した6連も走る。117系はデータイムの快速から撤退。平成11年12月4日改正で登場した特別快速にも活躍する313系。東海道本線　大府－共和間　平成12年5月2日

同年12月4日に実施。同改正から313系が本格営業に就き、東海道本線には新快速よりも停車駅が少ない特別快速も登場。データイムの快速（含む特別快速・新快速）の最高速度が時速120kmにアップ。快速（同）は313系がメインとなり、311系は普通列車（各駅停車）への運用がメインとなる。
　また、普通列車の大半を岐阜発着とし、岐阜－大垣間は快速（同）が各駅に停車。大垣－米原間はデータイムの運転間隔が1時間ごとから30分ごとに倍増。大半の列車を同区間の折り返し運転とし、313系300番台の2連が投入された。
　最高速度が時速110kmの117系はデータイムの快速運用から撤退。朝夕と夜間に金山（名古屋）－米原間・浜松－豊橋間の運用がメインに。昼間は豊橋や熱田で"ヒルネ"が目立つようになる。ただし、平日の朝夕ラッシュ時は4両＋4両の8連で快速に活躍し、新快

平成12年2月、117系にシンプルな装いの新塗装車が登場。同塗装の117系4連。東海道本線　名古屋　平成12年5月6日

速運用も復活。舞台は東と西に分かれたが、大垣車両区が塒のため浜松－大垣間を直通する"つなぎ運用"を下り1本、上り2本設定。このうち浜松発の下り米原行きは新快速として運用され、大垣までは4両＋4両の8連で運行。この勇姿は往時を彷彿させ、名車の品格を保ったのである。

117系にシンプルな新塗装車が登場

平成12年(2000)2月上旬、117系の新塗装車が名古屋工場を出場。S9編成、クハ117-23＋モハ117-45＋モハ116-45＋クハ116-203の4連をアイボリーホワイトの地色、窓下にはオレンジの太帯1本だけのシンプルな装いに変更した。

この塗装は平成元年(1989)6月にJR東海カラーに変更された当時の試験塗装に準じ、雨樋部分の細いオレンジの帯と窓下の太いオレンジ帯の下にあった細い帯を省略、太い帯の幅を広げ、この部分のオレンジ色の比率が拡大した。以後、117系は18本すべてが塗り替えられた。

117系の特別快速が走る

平成12年(2000)9月の東海豪雨では、東海道本線などの一部区間が不通。運転再開後

平成20年3月15日改正で朝と夜などに復活した117系の新快速。東海道本線を4両＋4両の8連で疾駆する勇姿はすばらしかった。東海道本線 岐阜－木曽川間 平成23年9月1日

の9月13日、車両運用の都合で東海道本線に117系や211系5000番台の特別快速が走った。両系の特別快速運用は初めてだった(カラー写真17頁参照)。

117系の新快速が一旦消える

平成18年(2006)10月1日のダイヤ改正で、117系の新快速運用を廃止。大垣－米原間のローカル列車は大半を2連から4連に増強、117系をメインに311系や313系も投入され、着席率がアップした。

また、東海道本線の快速の6連化を図るため、313系5000番台が登場。オール転換クロスシートの6両編成(固定)で、12本を大垣車両区に配置。東海道本線の浜松－米原間で運用し、豊橋－大垣間の快速(含む特別快速・新快速)をメインに活躍を開始した。

このほか、117系にもEB・TE装置を設置するため、平成18年5月から作業を開始。同20年(2008)3月までに完了した。

117系の新快速運用が復活

平成20年(2008)3月15日のダイヤ改正で、117系の新快速運用が平日の朝と夜など

雪化粧した伊吹山をバックに快走する117系4連。国鉄メーク復刻のS11編成。東海道本線 近江長岡－柏原間 平成22年1月26日

117系S9編成を改造したジョイフルトレイン「トレイン117」。「そよ風トレイン117」号としてまずは飯田線で営業運転を開始した。長篠城ー本長篠間

「トレイン117」の②号車はフリーの「ウインディスペース」。平成22年8月28日（2枚共）

に復活。4両＋4両の8連で東海道本線を快走する勇姿が再び見られるようになった。

なお、117系にも一部を除きATS-Pを設置するため、この工事が平成20年8月から開始された。

国鉄"新快速色"風の復刻車が登場

117系のS11編成、クハ117-25＋モハ117-49＋モハ116-49＋クハ116-206が平成21年（2009）8月26日、登場時の塗装に近い国鉄"新快速色"風に復刻されて名古屋工場を出場した。

ただし、足回りは国鉄時代の黒ではなく灰色（グレー）。8月29日と30日には「佐久間レールパーク」夏休みイベントの一環として、飯田線中部天竜駅構内で展示会を実施。その後は東海道本線で定期列車に運用された。

117系を改造したジョイフルトレイン「トレイン117」が登場

117系のS9編成、④クハ117-23＋③モハ117-45＋②モハ116-45＋①クハ116-203をジョイフルトレイン「トレイン117」に改造。②号車のモハ116形はフリーの「ウインディスペース」。そのほか、3両は普通車指定席とし、転換クロスシート3脚を固定、大型テーブルを設置しボックスシートに簡易改造。平成22年（2010）7月22日に名古屋工場を出場し、名古屋→関ケ原→大垣間で試運転を実施。大垣車両区に配置された。

「トレイン117」は快速「そよ風トレイン117」号（全車指定席）として、平成22年（2010）8月1日から飯田線の豊橋ー中部天竜間で運行を開始。同年11月28日までの土休日に運転されたが、以後、東海道本線や中央本線などでも様々な列車愛称で運行した（詳細は28〜29頁参照）。

「リニア・鉄道館」に117系を搬入

117系のS1編成のうち、クハ117-30、モハ117-59、クハ116-209の3両を保存のため国鉄時代の塗装に戻し、平成22年（2010）11月に名古屋市港区の金城埠頭に建設中の「リニア・鉄道館」に搬入された。

117系の廃車が始まる

平成22年（2010）11月、117系の廃車が始まる。第1号はS4編成のクハ117-105＋モハ117-44＋モハ116-44＋クハ116-22、この4両は11月24日から27日までに廃車。また、S1編成は保存対象から外れたモハ116-59を含み同年12月17日付けで廃車。117系は平成22年度中に5編成20両が廃車になった。

「トレイン117」の先頭車が交代

「トレイン117」の組成変更を平成23年

「リニア・鉄道館」に保存されているＳ１編成のうちの３両。屋外の休憩施設としても活用され車内も公開中。平成23年３月21日

(2011)３月に実施。ＡＴＳ-ＰＴ対応の先頭車と交代のためで、①号車と④号車のクハを交換。新編成は④クハ117-28＋③モハ117-45＋②モハ116-45＋①クハ116-207。指定席車３両＝①・③・④号車の車体塗色もフリースペースの②号車に準じたデザインに変更された（カラー写真29頁参照）。

「リニア・鉄道館」で117系を公開

平成23年(2011)３月14日、名古屋市港区の金城埠頭に建設していた「リニア・鉄道館」が開館し、117系３両は館内の屋外展示物として一般公開された。休憩施設としても活用し、車内へも立ち入り自由。冷暖房完備だがエアコンは店舗・家庭用が設置された。

「トレイン117」が静岡支社管内で初営業

「トレイン117」が静岡支社管内の東海道本線・御殿場線で初営業。快速「富士山トレイン117」号(全車指定席)として平成24年(2012)１月28日から３月４日までの土休日、静岡－御殿場間で運転した（カラー写真29頁参照）。

117系の定期運用が終了

平成25年(2013)３月16日のダイヤ改正で、117系の定期運用が終了。ジョイフルトレイン「トレイン117」も同年７月21日の飯田線豊橋→天竜峡間(下りのみ)の団体列車の営業を最後に引退。翌８月５日には大垣車両区から浜松運輸区へ廃車回送され、同年12月27日に①・③・④号車が廃車。一般仕様車も同年12月までに大半が廃車となった。

ＪＲ東海117系の終焉

平成26年(2014)１月27日、浜松運輸区に留置されていた「トレイン117」の②号車、モハ116-45が同日付けで廃車。これでＪＲ東海の117系は、「リニア・鉄道館」に保存された３両を除き全車過去帳入りした。

ありがとう名古屋の117系

かつての国鉄の車両は全国的な汎用性を重視し、そのため、特急を除く普通車の座席は４人掛けボックスシートが基本。だが、117系はそのポリシーを180度転換させた。それも国鉄末期の台所事情の厳しい時代に２扉・転換クロスシートで登場し、ライバル私鉄はもちろん、世の中をアッといわせたのであった。

民営化後、このサービスはほかの旅客鉄道会社にも波及し、117系こそ国鉄改革の"功労車"と申しても過言ではない。

しかし、特急普通車並みの大サービスは大当りしたが、平成時代は３扉クロスシート車が主流。２扉車のラッシュ時の運用はスジ屋さんの腕の見せどころとなり、汎用性を考えると異端車になってしまったことは拭えない。ライバル、名鉄パノラマカーもひと足早く引退したが、その最大の理由は２扉クロスシートが徒花となったためである。これぞ"名古屋の電車"の古きよき時代を語る昭和ロマンだが、"名古屋の電車"の歴史を飾った名車の功績は永遠に語り継がれることだろう。ありがとう117系。

国鉄名古屋鉄道管理局〜ＪＲ東海 117系"名古屋仕様車"および関連略史

昭和57年(1892)1月
117系の"名古屋仕様車"6両編成(固定)2本が配置区の大垣電車区に回着。基本仕様は大阪鉄道管理局の"本家"117系とほぼ同じ。だが、耐寒耐雪装備や自動解結装置などは省略、スカートの形状も変更。浜松方先頭車クハ117形にもトイレを設置、トイレは編成中2ヵ所。車号は各形式とも大鉄局車からの追番になる

昭和57年(1982)2月
一般公募により車両愛称を「東海ライナー」と命名。2月20日と21日の両日、一般公募の試乗会を開催。名古屋駅では20日、蒲郡行きの試乗列車で発車式を挙行

昭和57年(1982)3月〜5月
117系は3月に3本、4月と5月にも各2本が回着し総勢54両に。一部の編成は3月から東海道本線の快速で暫定営業を開始

昭和57年(1982)5月17日
名古屋都市圏でダイヤ改正。117系は東海道本線、豊橋(浜松)−大垣間の快速に投入し正式デビュー。快速はデータイム毎時1往復の運転

昭和61年(1986)10月上旬〜下旬
117系の増備車100番台が登場。先頭車のクハのみ18両を新造、既存の6両編成9本を4両編成18本に組み替えるための増備。車体はマイナーチェンジ、転換クロスシートはセミバケットタイプになる。台車もボルスタレス式に変更

昭和61年(1986)11月1日
ＪＲ移行へのダイヤ改正。117系は4両編成化で本数が9本から18本に倍増、東海道本線の浜松−米原間のほか、中央本線(名古屋−南木曽間)でも運用開始。東海道本線・中央本線の快速はデータイム毎時2往復に増発、愛称を統一し、両線とも「シティライナー」に変更。補完として211系0番台"名古屋仕様車"4両編成2本も新製投入。211系は東海道本線専用だが神領電車区に配置し、117系も同区へ転属

昭和62年(1987)4月1日
国鉄分割民営化。東海旅客鉄道＝ＪＲ東海発足

平成元年(1989)3月11日
ダイヤ改正。東海道本線の快速に停車駅の少ない新快速を新設。データイムは毎時、快速4本(うち2本は新快速)・普通4本の「4・4ダイヤ」を実施。新快速の運転区間は蒲郡(一部は岡崎)−大垣間で、211系0番台と117系を使用。211系0番台と117系は大垣電車区へ転属。117系は原則として中央本線から撤退

平成元年(1989)6月
最高時速120km運転が可能な新形式車311系を新製。大垣電車区に第1次車4両編成5本20両を配置。117系に新塗装の試験塗装車が登場、Ｓ4編成が6月12日に名古屋工場を出場

平成元年(1989)7月9日
ダイヤ改正。名古屋の副都心＝金山に金山総合駅を設置し、東海道本線に金山駅が開業。311系が営業運転に就き蒲郡系統には原則として311系を投入。117系の新快速運用が半減

平成元年(1989)10月27日
117系新塗装車の"決定版"が名古屋工場を出場。第1陣はＳ13編成で、試験塗装のＳ4編成も含め平成3年(1991)3月までに全車塗り替え

平成2年(1990)2月
311系の2次車4両編成8本32両を新製増備、翌3年(1991)にも3次車4両編成2本8両を増備。3次車は側窓の一部が固定窓になる

平成2年(1990)3月10日
ダイヤ改正。東海道本線の新快速の運転区間を豊橋−大垣間に拡大。休日ダイヤ導入、快速「ナイスホリデー」を新設。飯田線に「ナイスホリデー奥三河」が登場し豊川以北に117系が初入線。中央本線は「ナイスホリデー妻籠・馬籠」を117系で運転、同線に117系の運用が復活

平成3年(1991)10月〜
クハ117形0番台・クハ116形0番台の運転室運

転士席背面に小窓を新設。翌4年(1992)9月までに完了

平成4年(1992)2月～3月
ラッシュ時の混雑緩和策として、117系先頭車4両の車端部をロングシートに改造。ただし、トイレ横は固定クロスシートのまま

平成6年(1994)3月～
全車両の床下機器・台車を黒から灰色(グレー)に変更。117系はＳ4編成から施工

平成11年(1999)7月
大垣車両区に新形式車313系0番台4両編成を配置。7月15日から東海道本線の新快速をメインに暫定営業を開始。新快速は順次313系化、311系は快速運用に

平成11年(1999)12月4日
名古屋駅の「ＪＲセントラルタワーズ」への輸送を考慮したダイヤ改正を実施。313系が本格運用に就き、東海道本線には特別快速も登場。データイムの快速(含む特別快速・新快速)の最高速度を時速120kmにアップ。快速(同)は313系がメイン、311系は普通列車(各駅停車)に投入。117系はデータイムの快速から撤退したが、平日の朝夕ラッシュ時に新快速8連運用が復活

平成12年(2000)2月上旬
117系のシンプルな新塗装車が名古屋工場を出場。トップはＳ9編成。以後、18本を塗り替え

平成18年(2006)10月1日
ダイヤ改正。117系の新快速運用を廃止。大垣–米原間のローカル列車の大半を2連から4連に増強。117系をメインに311系や313系も投入。313系5000番台がデビュー。オール転換クロスシートの6両編成(固定)。東海道本線の豊橋–大垣間の特別快速・新快速・快速などに投入

平成20年(2008)3月15日
ダイヤ改正で117系の新快速運用が平日の朝などに復活

平成21年(2009)8月26日
117系Ｓ11編成(クハ117-25＋モハ117-49＋モハ116-49＋クハ116-206)を国鉄"新快速色"風の塗装に復刻。8月29日と30日に「佐久間レールパーク」下車駅の飯田線中部天竜駅構内で展示会を実施

平成22年(2010)7月22日
117系Ｓ9編成をジョイフルトレイン「トレイン117」に改造。④クハ117-23＋③モハ117-45＋②モハ116-45＋①クハ116-203の4両編成、②号車はフリーの「ウインディスペース」。①③④号車は転換クロスシート3脚を固定し大型テーブルを設置。8月1日から飯田線の臨時快速「そよ風トレイン117」号(全車指定席)として営業運転を開始

平成22年(2010)11月
117系Ｓ1編成のうちクハ117-30、モハ117-59、クハ116-209の3両を保存のため国鉄"新快速色"風の塗装にし、名古屋市港区の金城埠頭に建設中の「リニア・鉄道館」に搬入

平成22年(2010)11月
117系の廃車が始まる。第1号はＳ4編成、クハ117-105＋モハ117-44＋モハ116-44＋クハ116-22。平成22年度中に5本20両が廃車に

平成23年(2011)3月
「トレイン117」の組成変更を実施、ＡＴＳ-ＰＴ対応の先頭車に変更のため。①号車と④号車のクハを交換。新編成は④クハ117-28＋③モハ117-45＋②モハ116-45＋①クハ116-207

平成23年(2011)3月14日
「リニア・鉄道館」が開館し、117系3両は休憩施設として車内も公開

平成24年(2012)1月28日
「トレイン117」が静岡支社管内の東海道本線・御殿場線で初営業。快速「富士山トレイン117」号(全車指定席)として3月4日までの土休日、静岡–御殿場間に運転

平成25年(2013)3月16日
ダイヤ改正。117系の定期運用が終了。117系は同年12月までに大半が廃車

平成25年(2013)12月27日
「トレイン117」の①③④号車が廃車

平成26年(2014)1月27日
「トレイン117」の②号車、モハ116-45の廃車でＪＲ東海の117系は「リニア・鉄道館」に保存された3両を除くすべて過去帳入り

名古屋鉄道管理局仕様　117系の車両形式図

クハ117形式 22～30号・クハ116形式 22～30号 形式図　(1/200)

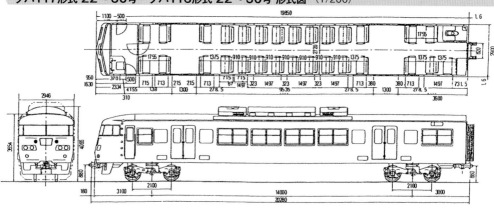

モハ117形式 43～60号 形式図　(1/200)

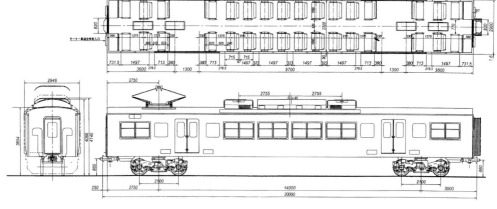

モハ116形式 43～60号 形式図　(1/200)

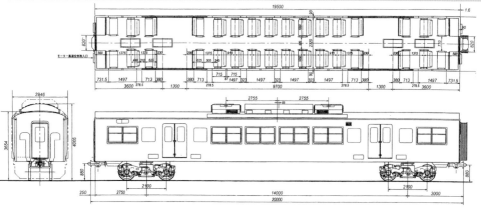

クハ117形式 104～112号 形式図 （1/200）

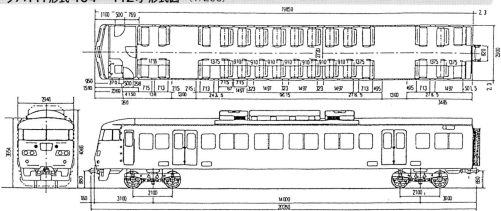

クハ116形式 201～209号 形式図 （1/200）

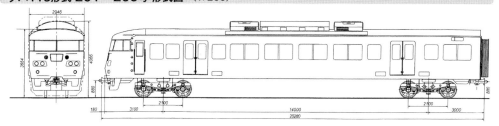

名古屋鉄道管理局仕様　117系の主要諸元

形　式	クハ117	クハ117	クハ116	クハ116	モハ117	モハ116
車　号	22～30	104～112	22～30	201～209	43～60	201～209
自　重(t)	36.3	31.3	36.3	30.5	43.7	32.2
最大長(mm)	20,280	20,280	20,280	20,280	20,000	20,280
最大幅(mm)	2,946	2,946	2,946	2,946	2,946	2,946
最大高(mm)	4,066	4,066	4,066	4,066	4,066	4,066
パンタ折りたたみ高さ(mm)	—	—	—	—	4,140	—
台車形式	TR69K	TR235E	TR69K	TR235E	DT32H	DT32H
歯車比	—	—	—	—	17:82=1:4.82	17:82=1:4.82
制御方式	—	—	—	—	直並列・弱界磁・発電ブレーキ総括制御・電動カム軸接触式　CS43A	直並列・弱界磁・発電ブレーキ総括制御
パンタグラフ形式	—	—	—	—	PS16	—
最高運転速度(km/h)	110	110	110	110	110	110
ブレーキ方式	電磁直通ブレーキ・直通予備ブレーキ・手ブレーキ	電磁直通ブレーキ・直通予備ブレーキ・手ブレーキ	電磁直通ブレーキ・直通予備ブレーキ・手ブレーキ	電磁直通ブレーキ・直通予備ブレーキ・手ブレーキ	発電ブレーキ併用電磁直通ブレーキ・直通予備ブレーキ	発電ブレーキ併用電磁直通ブレーキ・直通予備ブレーキ
主電動機形式×個数	—	—	—	—	MT54D×4	MT54D×4
主電動機出力(kW)	—	—	—	—	120	120
冷房装置×個数 冷房装置容量(kcal/h)	AU75B×1 42,000	AU75E×1 42,000	AU75B×1 42,000	AU75E×1 42,000	AU75B×1 42,000	AU75B×1 42,000
便所×個数	和式×1	—	和式×1	—	—	—
製造初年	昭和56年	昭和61年	昭和56年	昭和61年	昭和56年	昭和56年
記　事	※	側窓 1段下降式 ※	※	側窓 1段下降式 ※	—	—

※クハ117・クハ116形は自動電気連結器なし

国鉄名古屋鉄道管理局～JR東海 117系の編成の変遷

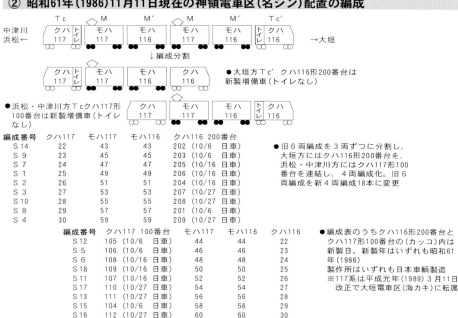

① 昭和57年(1982)5月17日現在の大垣電車区(名カキ)配置の編成

浜松← クハ117[トイレ] モハ117 モハ116 モハ117 モハ116 クハ116 →大垣

編成番号	Tc クハ117	M モハ117	M′ モハ116	M モハ117	M′ モハ116	Tc′ クハ116	新製日	製造所
S 1	22	43	43	44	44	22	1/12	日車
S 2	23	45	45	46	46	23	1/29	川重
S 3	24	47	47	48	48	24	3/19	川重
S 4	25	49	49	50	50	25	3/26	川重
S 5	26	51	51	52	52	26	3/18	日車
S 6	27	53	53	54	54	27	4/28	日車
S 7	28	55	55	56	56	28	4/28	日車
S 8	29	57	57	58	58	29	5/14	川重
S 9	30	59	59	60	60	30	5/12	近車

● 大垣電車区(名カキ)配置 新製日の年はいずれも昭和57年(1982)
製造所の名称 日車＝日本車輌製造 川重＝川崎重工業 近車＝近畿車輌

② 昭和61年(1986)11月11日現在の神領電車区(名シン)配置の編成

中津川・浜松← クハ117[トイレ] モハ117 モハ116 モハ117 モハ116 クハ116 →大垣

↓編成分割

クハ117[トイレ] モハ117 モハ116 クハ116 ●大垣方Tc′クハ116形200番台は新製増備車(トイレなし)

クハ117 モハ117 モハ116 クハ116

●浜松・中津川方Tcクハ117形100番台は新製増備車(トイレなし)

編成番号	クハ117	モハ117	モハ116	クハ116 200番台
S14	22	43	43	202 (10/6 日車)
S 9	23	45	45	203 (10/6 日車)
S 7	24	47	47	205 (10/16 日車)
S 1	25	49	49	206 (10/16 日車)
S 2	26	51	51	204 (10/16 日車)
S 3	27	53	53	207 (10/27 日車)
S10	28	55	55	208 (10/27 日車)
S 8	29	57	57	201 (10/6 日車)
S 4	30	59	59	206 (10/27 日車)

編成番号	クハ117 100番台	モハ117	モハ116	クハ116
S12	105 (10/6 日車)	44	44	22
S 5	106 (10/6 日車)	46	46	23
S 6	108 (10/16 日車)	48	48	24
S18	109 (10/16 日車)	50	50	25
S11	107 (10/16 日車)	52	52	26
S17	110 (10/27 日車)	54	54	27
S13	111 (10/27 日車)	56	56	28
S15	104 (10/6 日車)	58	58	29
S16	112 (10/27 日車)	60	60	30

●旧6両編成を3両ずつに分割し、大垣方にはクハ116形200番台を、浜松・中津川方にはクハ117形100番台を連結し、4両編成化。旧6両編成を新4両編成18本に変更

●編成表のうちクハ116形200番台とクハ117形100番台の(カッコ)内は新製日。新製年はいずれも昭和61年(1986)
製作所はいずれも日本車輌製造
※117系は平成元年(1989)3月11日改正で大垣電車区(海カキ)に転属

③ 平成22年(2010)10月現在のJR東海大垣車両区(海カキ)配置の編成

浜松← クハ117 モハ117 モハ116 クハ116 →大垣

編成番号	クハ117	モハ117	モハ116	クハ116	編成番号		クハ117	モハ117	モハ116		クハ116
S 1	30	59	59	209	S10	○	29	57	57	○	201
S 2	P 108	48	48	P 24	◎S11	P	25	49	49	P	206
S 3	P○ 112	60	60	P○ 30	S12	P	24	47	47	P	205
S 4	105	44	44	22	S13	P	26	51	51	P	204
S 5	107	52	52	23	S14		110	58	58		29
S 6	106	46	46	23	S15		22	43	43		202
S 7	P 111	56	56	P 28	S16	P	27	53	53	P	207
S 8	P 109	55	55	P 27	S17	P	28	55	55	P	208
▲S 9	23	45	45	203	S18	P	104	54	54	P	27

●車体色はS11編成を除きクリーム12号の地色にオレンジの帯　　クハ117形・クハ116形のPはATS-PT取り付け車
○印は車端部ロングシート改造車　　◎印は国鉄"新快速色"風(ただし足回りは灰色)で平成21年(2009)8月26日に復刻
▲印のS 9編成は平成22年(2010)7月22日に「トレイン117」に対応改造　アンダーライン付き車はフリーの「ウインディスペース」

JR東海 117系のコスチューム

名古屋の117系の車体塗色は民営化後3回塗り替えられた。JR東海カラーで活躍した懐かしいコスチュームを振り返ってみよう。前面の種別表示の変化にも注目されたい。

民営化後しばらくは国鉄時代の"新快速色"のまま活躍した。4両＋4両の8連で走る"グリーン快速"（のちの区間快速）。東海道本線 清州－五条川（信）間 平成元年5月2日

311系が登場すると同系に類似した試験塗装車が登場。平成元年6月12日、S4編成がクリーム12号（アイボリー）の地色に車体側面の雨樋と車体前面・側面窓下部にオレンジの帯を巻いて登場。同編成使用の下り新快速4連。東海道本線 名古屋－枇杷島間 平成元年6月7日

平成元年10月27日にはS13編成に、地色をクリーム10号に変え、車体側面窓下の帯を幅225㎜と45㎜、前面帯をやや太くし、その色を311系と同じオレンジにした"決定版塗装"が施された。以後、試験塗装のS4編成も含め塗り替えられた。下り"ブルー快速"（快速）4連。東海道本線 名古屋－枇杷島間 平成2年2月27日

平成12年2月にはS9編成がさらに新しいカラーとなって登場。平成元年の試験塗装車に類似しているが、雨樋の細いオレンジ帯がなくなっている。以後、全編成が塗り替えられ、平成21年8月に国鉄"新快速色"風が復刻したS11編成を除き、引退までこのコスチュームで活躍した。上り普通4連。東海道本線 枇杷島－名古屋間 平成12年5月2日

④ 平成23年（2011）4月現在のJR東海大垣車両区（海カキ）配置の編成

浜松← Tc クハ117 ／ M モハ117 ／ M' モハ116 ／ Tc' クハ116 →大垣

編成番号	Tc クハ117	M モハ117	M' モハ116	Tc' クハ116
S 2	P 108	48	48	P 24
S 3	P○ 112	60	60	P○ 30
S 5	107	52	52	26
S 7	P 111	56	56	P 28
S 8	P 109	50	50	P 25
▲ S 9	P 28	49	49	P 207
◎ S 11	P 25	49	49	P 206

編成番号	Tc クハ117	M モハ117	M' モハ116	Tc' クハ116
S 12	P 24	47	47	P 205
S 13	P 26	51	51	P 204
S 15	23	43	43	203
S 16	P 27	53	53	202
S 17	22	55	55	P 208
S 18	P 104	54	54	P 27

●クハ117形・クハ116形のPはATS-PT取り付け車　▲印の「トレイン117」は平成23年（2011）3月にATS-PT対応の先頭車に組成変更　○印は車端部ロングシート改造車　◎印は国鉄"新快速色"風復刻車

特別寄稿 117系誕生の背景

東海圏の"117系"の思い出

須田 寬（JR東海相談役）

"汽車から国電・電車へ"の切札となった117系。名古屋都市圏では昭和30年の東海道本線米原電化で投入された80系以来、27年ぶりの新車だった。「東海ライナー」の愛称で快走する上り快速117系6連。大高－共和間　昭和57年5月28日

　昭和54年（1979）5月、私は旧国鉄名古屋鉄道管理局勤務となった。早速、挨拶まわりで各地に伺ったが、次のような話をいたる所で聞いて、大きなショックを受けた。

　「あなたは名古屋に来られる際、何を利用なさいますか」と相手にお聞きしたところ、「汽車の方が駅が近いが、不便なのでいつも電車で来る」と言われる。「国鉄は全部電車になっていて、汽車ではありませんが……」、「確かにそうだが、時間を気にしないと乗れないので、汽車と同じだ。電車なら時間を気にしないでいつでも乗れる」……。

　もちろんここで電車というのは、並行する民鉄（名鉄・近鉄等）のことである。東海道・中央の両線は、普通列車は全部電車であり、機関車牽引の客車列車もなくなって10年近くが経過していたのに、である。国鉄は旧式の不便な乗り物と思われてしまっているのだ。

　確かに、運行本数は民鉄に比べて少なく（東海道本線でも昼間時は片道1時間に1〜2本、並行民鉄は10〜15分毎）、速度も遅い、毎年の運賃値上げで民鉄に比べて運賃も高くなり、頻発する労働組合のスト・サボタージュ等で安定運行にも難点があるような国鉄の

現状から、このような話になったのだろう。当時、この地域では国鉄の乗客の減少が毎年続き、国鉄への世間の声も厳しく、まさに四面楚歌の状況で、経営基盤の維持にさえ不安を感じるほどだった。このような評価となっていることを改めて知り、愕然とした。

　担当者に聞いてみると、事態を憂慮して営業活動に一層の努力をすると共に、貨物列車の減便のあとに普通電車を少しでも増発すべく、毎年、車両増備を本社に要請してきたという。しかし、人口に比べて乗客数が少なく、しかも近年減少傾向にあるような状態では、「車両の新製増備など認められない」として、逆に減便等で効率化を図るよう指示されていたようだ。確かに、当時の名古屋都市圏の国鉄普通列車の利用客数は、人口が半分以下の札幌・福岡両都市圏と同じくらい。しかも減少度合いも大きいという状況であった。

　何とかこのような状態から脱皮して、永年培ってきた施設を活用し、地域の皆様のお役に立たねばならない、せめて国鉄を「汽車」でなく「電車」と呼んでほしい、このように考え、局をあげて都市圏型ダイヤへの改善に取り組むことを局内会議で決め、プロジェクトチー

ムを作って抜本策の検討を始めることになった。しかし、乗客数やその動向から、車両の増備や増発を求めても、すぐにはとても実現できるような状況ではなかった。そこで増発・増車・車両改善等の積極策とあわせて、経費要員削減を伴う経営効率化(当時は合理化といった)策、販売・運賃などソフト面の施策も含めて、総合的な経営改善策として取りまとめる必要があった。

局内の総務・経理・運転・営業各部の知恵を結集して検討の結果、数ヵ月間で「名古屋都市圏総合経営改善計画」がまとまった。名古屋都市圏国鉄の未来を拓くという趣旨から、この計画を「PLAN'80 国鉄名古屋」と命名、局内はもとより、地域社会に向けても提案するというかたちで、内外にひろく説明して実現への理解を求めたいと考えた。

そしてまず、国鉄中部支社の承認を得た。計画の骨子になる普通電車の増発・スピードアップ等、ダイヤ刷新にかかわるかなりの部分は当時、所管の中部支社の権限になっていたからである。

当時のルールでは、支社でのダイヤ編成方針決定のうえ、その実行にかかわる車両増備・改造実施等の本社決定を要する経費支出の事項については、事項別に本社担当局へ支社経由で承認を求めることになっていた。しかし、本社では国鉄経営が破綻に瀕し、その経営形態の改革が国でも検討されようとしている時、このような一地方の車両増備等の新計画は認められないという。

一方、国鉄の経営改革実施には、地域の理解協力は不可欠であった。現状のように「汽車」といわれて、国鉄のサービスが地域では全く評価されていないような状況では、とても理解が得られない。改革を進めるためにもある程度のサービス改善が必要と考え、本社への働きかけを支社・管理局をあげてトップが先頭に立って進め、「PLAN'80」の実現に努めることとなった。

「PLAN'80」
―汽車から国電・電車へ―の概要

ここで、当時の「PLAN'80」の概要をまとめておきたい。

① 名古屋駅を中心に、おおむね半径50km圏内(大垣・豊橋・亀山・中津川の円内)を「名古屋大都市圏エリア」と考え、圏内の列車

「PLAN'80」計画時とJR移行時の東海道本線 名古屋駅 下り普通列車 時刻表比較

時	昭和55年10月(電車)	時	昭和62年3月 JR移行時(電車)
5		5	55
6	17 キ(55)美	6	15 41* 56
7	3* 21 47* 53	7	8 18* 29赤 38 50 56*
8	6 27* 38 53	8	4 23赤 40 53
9	11 32*(56)	9	4 20 30 44 50赤
10	6 (26) 46	10	(7) 24*(35) 49関
11	6*	11	1* 14 24 47
12	17* 45 (55)	12	1* 25 (36) 40 50
13		13	(10) 12赤 20* (36) 38 53関
14	0* 20 45*(56)	14	(8) 18*(36)* 43* 57
15	44*(56)	15	(10) 19 (40)* 45 56
16	17* 41関	16	(8)* 18 25*(41)* 48 57赤
17	(1)* 19赤 30*(56)	17	(10)* 16 (35)* 41 51* 57
18	17 30赤 45*	18	(10) 17 28赤 39 48*
19	15* 35*	19	5 15 30赤 44 55
20	キ(5)高 27* 43赤	20	3* 26* 48
21	6* 41	21	12* 34 43赤 58
22	15赤 58	22	10* 30 40
23		23	19 28
24	8	24	5*

(注)117系投入直前のダイヤ
名古屋ー岐阜間 所要時間 約30分
　　　　　　　　　　(快速 24分)

(注)昭和61年11月改正ダイヤ
名古屋ー岐阜間 所要時間 28分
　　　　　　　　　　(快速 23分)

米=米原　赤=美濃赤坂
関=関ケ原　美=美濃太田
高=高山　無印=大垣
キ=気動車(DC)列車
( )内は快速を示す

(注)「PLAN'80」計画は、当時の国鉄本社役員会で賛意は得たが、計画全体の承認は得られず、個々の案件ごとに予算の範囲内で実施を要求していくこととなった。
社外に改善意欲を示すため「PLAN'80」は公表にふみきった。
しかし、本社からは「地方のビジョン」にすぎないので、具体的な数字を出すことに難色を示した。列車本数は各停車本数のみの数値のみを発表した(計画は快速列車がこれに加わる)。

ダイヤ・車両・施設・営業・販売施策・商品計画等の抜本的見直しによる刷新を進める

② 列車ダイヤは、乗客数(目標)に応じ、等時隔、高頻度かつ高速の都市型ネットダイヤを編成する
(例)目標は東海道・中央の両線が昼間時15〜20分間隔、関西・武豊の両線は同30分間隔(ないしはそれ以下)、東海道・中央の両線は快速(最高時速100km以上)と各停の二本建て

③ 各線相互の連絡、また、同一線内の緩急接続ダイヤを編成する

④ 列車編成の見直しで車両キロの増を抑制する
(例)6〜8両編成を運転台取り付け改造で2〜4両に

⑤ 駅の業務見直し。機械化・自動化を徹底する
(注)運転業務、貨物取扱の集約簡素化、駅の停留所化、自動出改札、外部委託等の推進による要員減を進める

⑥ 車両改善(高性能化、冷房化、座席改善)によるサービス向上と速度向上により業務効率を向上させる
(例)快速は2扉転換クロスシートの117系、各停は3扉セミクロスシートの113系(改良型を中心に)とし、完全冷房化実現

⑦ 都市圏内特定運賃導入、定期券割引率是正、新商品開発等、販売施策の刷新と強力な展開
(例)都市圏特別賃率採用、民鉄との較差是正等

すなわち、ハード・ソフト両面にわたる総合的な施策を推進し、経費削減、要員増の抑制と収入増加を図り、名古屋都市圏国鉄のイメージアップ・サービス改善と経営刷新を期することを考えた。この計画の中核となるものが、実は117系車両の投入であった。

同車は昭和55年(1980)、関西地区国鉄電車再活性化の切札として初めて投入された。従来の国鉄型電車のカラを破った斬新なデザインと内装、最高時速110km運転の高速性能をもち、料金不要電車で初めての転換クロスシートの採用等で好評を得ていた。

この車両を名古屋圏にも投入し、117系投入のもたらす幅広い効果を今回の計画の中心にすえて活用すること、すなわち117系に"PLAN '80"の象徴的役割を果たさせたいと考えた。

つまり、同車の特性を活用し、スピードアップ・ダイヤ刷新の原動力とすると共に、高速運転によるトレインアワー短縮、新車による運行で検修経費の節減等経営効率化を幅広

「PLAN'80」構想図　スピードアップの構想(昭和60年度目標・左)　列車体系の刷新構想図(右)

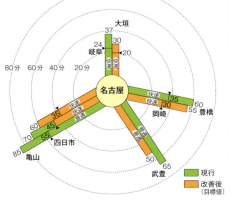

84　■ 117系誕生の背景　東海圏の"117系"の思い出

く進める。そして、美しい外観と快適な車内・座席で国鉄のイメージアップを行ない、増客増収をはかる。さらに、職場環境向上による職員のモラルアップ等に至るまで、その広い波及効果に期待したのである。

当時の状況から、この総合計画実施は急を要した。このため、新規設計の新車とせず、関西へ投入したそのままの設計で内外装・塗装等も同じ117系を求めることとした。それは、新系列の車両にすると、労働組合との本社段階での交渉や検修施設改善、取扱運転方法の訓練習熟等に時間を要するのが当時の実態だったからである。東海形ともいうべき地域特性のある車両としなかったのは、このような理由による。

しかし、本社ではこのような多額の投資を求める地方案件(PLAN'80)は、財政難の折、承認できないとしてまず門前払いとなった。ただ、当時の支社長等の努力で説明だけは聞こうということになり、本社役員会の話題(議題とはしない)として、説明することが許された。役員会では話題なので決定は得られなかったが、説明については予想外の好感を得た。それは、各地方での国鉄への風当たりが強いので何等かの施策をとるべき、との意見が強くなったことからと感じられた。

役員会後、本社担当局から、個別案件として車両増備は認められないが、老朽車が多い現状から快速用の153系(急行からの格下げ車で20年以上の経年車)の取り替え分に限り、117系54両の投入が認められることになった。また、普通電車の速度向上については、本社で全社的に技師長主催のプロジェクトチームで検討するという成果が得られた。

目玉とした117系が両数不足ながら認められたので、現有車両の改造による編成増、支社工事による施設補強による速度向上がまがりなりにも着手できることになり、新計画をなんとか昭和57年(1982)からスタートさせ

117系の名古屋投入に続き、昭和57年11月に広島都市圏のシティ電車用に投入された115系3000番台。115系だが2扉車で扉間は転換クロスシートを装備(102頁参照)。広島　昭和59年3月5日

るメドがついたのである。

このような経緯を経て投入された、東海地区としては久しぶりの新車117系には、「東海ライナー」の愛称が付された。幸い好評を得て、昭和57年3月の入線後、この車両めあてに乗車する人や写真の被写体として駅を訪れる人が急増した。週末の臨時列車等も、「117系東海ライナー使用」と記すだけで多くの人が乗車するほどの人気車両となった。"117系"の名は、当時の鉄道少年のアイドルネームとさえなった。所期の国鉄のイメージアップへの効果はおおむね実現を見たのである。

その後、本社でも地方対策の重要性を認識し、まず、普通電車(在来車)の全面的スピードアップを全国的に実施することとなった。また、この頃までに広島局でも名古屋局と同じ都市圏電車輸送の改善への取り組みが進み、広島局は117系とほぼ同じ115系の2扉、転換クロスシート3000番台の投入が決定した。

そして、地方都市圏の輸送改善(車両の新製・改造・編成見直し等によるネットダイヤ構築が中心)を、主な県庁所在都市近郊に「シティ電車」と銘打って、逐次実施するようになった。このことが、地域密着を旗印とするJR改革への地域の理解を得るために、大きく寄与することとなったのである。

すなわち、名古屋・広島圏での117系等の導入がこのような各地方都市への国鉄イメージアップへの動機のひとつともなったと考えられる。

その後の117系

　国鉄末期は財政難等のため新系列車両の開発は遅れがちであったが、JR移行後、各社ではその開発が急速に進められた。JR東海でも、最高速度が時速120kmの性能をもつ311系が完成、平成元年(1989)から快速列車に投入される。各停用の113系の取り替え用として、211・213系も入線した。これらの車両は、軽量構造の高性能車のため2M2Tで、車体重量の重い最高速度が時速110kmの117系は、次第にこれらとの足並みが揃わなくなってきた。すなわち、117系で実現した名岐間の19分運転も余裕時分がほとんどない状態で、ダイヤ乱れの際の復元が困難であったのである。

　さらに、311系の改良型の313系が平成10年(1998)に登場した。この車両は番台別区分によって快速用からローカル線用、ワンマン仕様車まで多様な車種が量産され、支線を含む各線に投入された。この段階で性能が劣位に置かれることになった117系は次第に本線快速運用から外れ、ダイヤ規格時間外の朝夕ラッシュ時の補完用（8連で使用）が主になった。

　昼間時は新規格ダイヤ維持のため311・313系が中心となり、117系は昼間時、熱田・岡崎・豊橋等に留置されることが多くなった。昼間の運用区間は豊橋‒浜松間、大垣‒米原間などに限定されていった。

　しかし、座席数の多い117系は乗客の間に根強い人気があり、定期の最終列車運転となった平成25年(2013)の新聞には、「さようなら117系」の特集記事が掲載されるほどであった。そして、多くの乗客に惜しまれつつ、第一線から引退していったのである。

　ところで、現在はJRのことを「汽車」という人は、まずいないと思う。しかも、民鉄との並行区間でも運賃較差が小さくなったこともあって、JRも一定のシェアを回復、地域の足としてJRもそれなりの役割が果たせるようになった。このように変身できたことは、新ダイヤ構築の動機となった117系の功績が大きかったと、今にして思う。

ポスト117系をめぐって

　国鉄車両史の最後を飾り、また、新発足のJR東海・西日本の出発にあたり、大きい役割を果たした117系車両は、JR西日本では今も健在で運行を続けている。しかし、活躍の舞台は山陽本線、草津線などに移り、表舞台ともいうべき京阪神間快速からは引退して、225系等にその主役の座を譲っている。

　JR東海では平成25年(2013)、「トレイン117」の名でイベント列車としての運行を最後に全車が引退し、その一編成が「リニア・鉄道館」の展示車両として保存展示されている。

　旧国鉄時代、国鉄電車は三度にわたり、その時々の目玉商品として車両性能面からも、また、内外装・サービス面からも画期的な車両を登場させてきた。

　第一次は、昭和11年(1936)、大阪‒神戸間、同12年に京都‒神戸間に登場したモハ52形である。流線型の優美な車体、従来のぶどう色一色から明るい塗

後継車で最高時速120kmの313系の増備が続くと同110kmの117系は昼間の運用が激減。しかし、朝夕は2編成連結(4両＋4両)の8連で快速運用の補完を務めた。上り新快速117系8連。東海道本線 醒ケ井‒近江長岡間 平成21年6月2日

装に変わったこの電車は、京阪間を36分という高速で結び、料金不要の急行電車として「関西急電」と呼ばれ、一時代を画した。昭和15年(1940)予定のオリンピック日本開催を念頭に製作したものといわれ、並行民鉄の車両にも大きな刺激を与えた。

第二次は昭和25年(1950)登場のモハ80形、通称「湘南電車」である。技術開発によって中長距離の電車運転が可能となり、東京－浜松間200kmを超える運行を開始し、のち、全金属製の300番台車は東京－大垣間の長距離準急にも足を伸ばした。「金太郎の腹がけ」といわれた先頭車の塗り分け、前面2枚の広窓などは、当時の各地民鉄車両等の流行とさえなるほどの人気であった。塗色やデザイン等は、この電車を戦後の鉄道復興の象徴にしたいとの関係者の気概をあらわしたものと聞く。153系・113系等もこの「湘南電車」の発展線上にあるものといえよう。

第三次は117系電車ではないだろうか。昭和55年(1980)、民鉄との競合の激しい近畿圏で、当時サービス水準が相対的に劣位にあった国鉄のイメージアップの切札として登場した。最高時速110kmの高速性をはじめ、客室構造面でも急行料金等不要の電車で、初めての転換クロスシート導入など、サービス面でも一時期を画する車両となった。同系に特急兼用車185系の登場があり、ＪＲ東海の311系・313系、ＪＲ西日本の221系～225系には117系電車の設計理念(とくに接遇面)が、ほとんどそのまま継承されているといっても過言ではないであろう。

それでは今後、117系に代表される快速用(首都圏では中距離用―いわゆる中電型電車がこれにあたる)電車は、どのように発展していくであろうか。

筆者の私見としては、今後の大都市圏電車では、快速型(中電型)車両と一般型(通勤型)車両との区分が薄らぎ、両者が融合した新系列車両となっていくのではないかと思えてならない。

117系の"特別仕様車"で昭和56年に特急兼用車として首都圏に登場した185系。民営化後は車内アコモを改良し現在も特急や「湘南ライナー」に活躍中。下り特急「踊り子」185系15連。東京　平成28年7月6日

現に、車両・施設・ダイヤの改良と都市構造の変化(少子化、住民の都心回帰傾向)もあり、通勤型4扉車区間の混雑が少しずつ緩和されつつある。例えば大阪環状線では4扉車をやめ、3扉車(近郊線区乗入れ車と新通勤型323系による)に統一することになった。また、首都圏でも上野東京ライン・湘南新宿ラインでは中電も近距離通勤輸送に大きい役割を果たすが、4扉車としつつも座席の多いセミクロスシート車、グリーン車等を編成に組み込むなど両種車両の折衷型サービスを目指しつつあるように思う。

一方、通勤時、昼間・夜間を通じて、都市圏電車では有料金の着席サービスへのニーズが急速に高まりつつある。このようなニーズにあわせて、ホームライナー型・スワロー型・グリーン車型等の低額の付加料金で着席サービスを行なうための新系列電車の登場が進んでいくのではなかろうか。

117系が意図した、新技術導入による安全性・高速性向上と接客面での高度の居住性・快適性の追求、その結果が、新しい都市圏電車(快速通勤型共通車と着席サービス定位の新車両)の新しい二区分のなかに受け継がれ、さらに発展していくことが期待されている。

このように117系は、今後のＪＲの都市圏電車のあり方にも一石を投ずる大きい存在であったと、あらためて思い返すのである。

(写真：徳田耕一)

"本家"117系が活躍する光景

新快速には"私鉄風国電"117系を投入、京阪神間を主体に国鉄の路線の長所を活かし、東は草津発着系統も運行。東海道本線の草津駅を発車した下り新快速(後追いで撮影)。昭和58年5月21日

東海道本線・山陽本線(関西地区)

関西地区の東海道本線・山陽本線に117系が「シティライナー」の愛称で活躍を始めたのは昭和55年(1980)1月22日のこと。駿足で京阪神間がメインの新快速に投入され、特急普通車並みの電車に、運賃だけで乗れる大車輪のサービスで私鉄王国に挑んだ。

京阪神の複々線区間では国鉄本社に権限がある"外側線"(列車線)の列車とも並走。上り"外側線"を走るEF61牽引の荷物列車と上り"内側線"(電車線)を走る117系の新快速が並走。東海道本線 元町 昭和56年3月1日 写真:高橋 脩

東海道本線を疾駆する117系6連の新快速、京阪間では京阪電鉄と阪急京都線の特急とライバル決戦を展開! 東海道本線 神足-山崎間 昭和55年5月24日 写真:中村卓之

春爛漫、117系の国鉄
"新快速色"は古都の桜
とマッチする。湖西線
からの直通列車。東海
道本線　山科ー京都間
(後追いで撮影)　平成
23年4月10日
写真：徳田耕治

京都タワーをバック
に湖西線に直通する
117系6連が東海道
本線を走る。京都ー
山科間　平成22年
1月4日
写真：徳田耕治

デビュー当時の国鉄"新快速色"に戻った117系。8両固定貫通
編成、新装なった平成の大阪駅に進入する。団体列車に活躍
する近キトT01編成。平成28年8月29日

福知山線

　後継ぎ車の221系が新快速に進出する
と、117系の一部は車体塗色を"福知山
色"ことアイボリーの地色にグリーンの
帯に変更。平成2年(1990)3月10日改
正から福知山線の快速用に転用され、同
17年(2005)春まで活躍した。

心機一転、装いも新たに福知山線の快速電車に活躍する117
系6連。生瀬ー西宮名塩間　平成3年1月19日
写真：中村卓之

湖西線

琵琶湖の西岸を走る湖西線に117系が投入されたのは、昭和55年(1980)1月22日から。東海道本線から直通する新快速が乗り入れてきた。ローカル列車には一時、117系の8両固定貫通編成も使用されていたが、現在は6両編成のみで運行している。

沿線を彩る黄金色の稲穂を眺めながら、青い琵琶湖をバックに国鉄"新快速色"の117系6連が疾駆する。志賀－蓬莱間 平成28年9月10日 写真：徳田耕治

雪化粧した比良の山並みをバックに"福知山色"の117系8両固定貫通編成が走る。和邇－小野間 平成18年2月10日 写真：中村卓之

春爛漫、桜の季節。沿線を彩る桜を眺めながら堂々たる高架線を国鉄"新快速色"の117系が疾駆する。和邇－蓬莱間 平成22年4月10日

■"本家"117系が活躍する光景

美しい琵琶湖の湖岸が車窓に近づき、湖西線の景勝地を快走する"国鉄メーク"の117系。蓬莱－志賀間　平成22年8月4日　写真：徳田耕治

湖西線沿線はレジャースポット。行楽用の臨時新快速に運用された117系6連。新快速には"国鉄色"がよく似合う。新旭　平成22年4月10日

湖西線を走る117系も地域別車体塗装1色化でモスグリーン（緑）の編成が増えてきた。117系6連。志賀－蓬莱間　平成28年9月10日　写真：徳田耕治

山陰本線

117系は山陰本線の京都口でも通勤通学輸送に活躍したことがあり、8両固定貫通編成も朝の輸送力列車に使用されていた。それ以外は「天理臨」などの団体列車で入線している。

「天理臨」の団体列車で山陰本線に入線した117系S01編成。6両編成中トイレは4ヵ所にある。花園－円町間　平成23年7月26日　写真：徳田耕治

朝の輸送力列車に活躍する117系"福知山色"の8両固定貫通編成。八木－千代川間　平成18年4月24日　写真：中村卓之

湖西線／山陰本線　■　91

草津線

　東海道本線の草津と関西本線の柘植を短絡しているのが草津線。全線単線だが昭和55年(1980)3月3日に直流1500Ｖで電化され、湖西線と同じ113系700番台・2700番台が投入された。沿線は京都・大津郊外のベッドタウンとして発展。朝夕・夜間には117系も通勤列車として活躍中。117系の入線は本線新快速の撤退後からである。

117系は朝夕・夜間の通勤列車として活躍。転換クロスシート装備のロマンスカーは、着席できれば"ホームライナー"感覚で大好評だ。甲賀－寺庄間　平成22年7月21日

草津線は甲賀流忍者の里を走るローカル線だが、国鉄"新快速色"6連の117系が走る光景は都市近郊線の様相だ。寺庄－甲賀間　平成22年7月21日

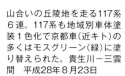

山合いの丘陵地を走る117系6連。117系も地域別車体塗装1色化で京都車(近キト)の多くはモスグリーン(緑)に塗り替えられた。貴生川－三雲間　平成28年8月23日

奈良線

　京都と奈良を結ぶ奈良線は、平成3年(1991)3月16日改正で快速を新設し117系が投入された。117系の活躍は、平成13年(2001)3月3日改正で221系による「みやこ路」快速が登場するまでの約10年間だった。

沿線を彩る梅林を眺めながら国鉄"新快速色"の117系が走る。下り奈良行き快速4連。山城青谷－山城多賀間　平成5年3月14日　写真：中村卓之

■ "本家"117系が活躍する光景

和歌山線・紀勢本線

　関西本線の王寺と紀勢本線の和歌山を結ぶのが和歌山線。金剛山地の山合いを走るローカル線で、単線だが昭和59年(1984)10月1日までに全線電化され、117系も平成12年(2000)3月11日から同線に投入された。一方、紀勢本線は和歌山－紀伊田辺間で117系が活躍。同区間の117系の投入は平成14年(2002)3月23日からである。

和歌山線は一見、山合いのローカル線だが、王寺から御所あたりまでは宅地化が進み、新興住宅が増えてきた。黄昏時、家路を急ぐ通勤客らを乗せた117系4連がやってきた。高田－大和新庄間　平成28年8月24日

金剛山山麓の沿線にはどっしりとした和風家屋が軒を連ねる。民家の裏側を青緑の地域色をまとった117系がガタゴト走る。和歌山線　五条－北宇智間　平成28年8月24日

ＪＲ西日本の電化区間では唯一のスイッチバック駅だった和歌山線の北宇智駅。平成19年3月18日にそれが解消し、現在は勾配途中の本線上に1面1線ホームがあり、ログハウス風の駅舎が印象的だ。王寺行きの117系4連がやって来た。平成28年8月24日

紀勢本線西部では117系も通勤通学輸送に活躍。和歌山地区の117系はオーシャングリーンの地色にラズベリーの帯を配していた。黒江－紀三井寺間　平成17年11月26日　写真：中村卓之

117系の運転台。和歌山線ではワンマン運転(運賃収受なし)を実施中。吉野口－北宇智間　平成28年8月24日

山陽本線（岡山・下関地区）

　山陽本線の岡山地区に117系が登場したのは平成4年(1992)3月14日改正から。快速「サンライナー」（岡山－倉敷間ほか）などが同年7月までに順次117系化された。このほか、岡山地区では「金光臨」の団体列車が117系を使用し、関西方面から金光まで運転されている。

　一方、下関地区への117系の投入は平成17年(2005)8月からで、暫定的なから新山口－下関間の普通列車に使用。その後、同19年(2007)12月からは正式運用に入った。

垢抜けしたデザインの岡山電車区の117系も、地域別車体塗装1色化で平成22年から黄色化が始まる。塗り替えトップは同年3月26日に施工されたE05編成。黄色の「サンライナー」117系4連。倉敷　平成22年5月13日

岡山地区の快速「サンライナー」用に整備された117系は、白を基調に裾部が赤からオレンジの濃淡に変わるデザインに変更。懐かしの同色117系4両＋4両の8連。中庄－庭瀬間　平成4年5月4日　写真：中村卓之

山陽本線の岡山地区では平日の朝、117系を2編成連結した4両＋4両の快速8連運用が残る。快速「サンライナー」2722Mがそれだが、種別幕の表示は「快速」に変わった。黄色の同117系8連。鴨方－金光間　平成28年8月30日

■ "本家"117系が活躍する光景

岡山地区では運用の都合で、普通電車にも117系4両＋4両の8連運用がある。冷房装置をＷＡＵ709Ａに交換して、前後の新鮮外気導入用の換気装置を撤去している。地域色の黄色1色の117系0番台8連403Ｍ。金光－鴨方間　平成28年8月30日

岡山地区は本線で活躍する117系最後の牙城。白昼堂々、黄色の117系のすれ違いも見られる。庭瀬－中庄間　平成28年8月20日　写真：徳田耕治

下関地区の117系は増備車100番台も4両編成化され、国鉄"新快速色"で活躍していた。ホームを彩る桜が117系の普通電車を迎えてくれた。新下関　平成22年3月30日

117系300番台も"福知山色"のまま下関地区に投入。新山口－下関間の普通電車に使用されたが、前面種別幕は白の無地とし「普通」の表示は掲出しなかった。下関　平成22年3月29日

山陽本線（岡山・下関地区）

団体列車に活躍する117系の勇姿

吹田総合車両所 京都支所(近キト)には、団体列車にも使用可能な波動用の117系8両固定貫通編成が2本配置されている。車体塗色はT01編成が国鉄"新快速色"、T02編成は地域色のモスグリーン(緑)。この8連が本線を疾駆する勇姿は117系全盛期を彷彿させる。本項では「金光臨」に活躍するシーンをご覧いただこう。

山陽本線を疾駆する国鉄"新快速色"のT01編成。庭瀬駅を高速で通過する下り「金光臨」117系8連。平成28年8月29日

117系地域色車の出会い。金光駅では中線に停車中の緑(京都車)の「団臨」と、岡山地区の普通電車に活躍する黄色(岡山車)の117系2種が顔を会わせた。平成28年8月20日
写真:徳田耕治

モスグリーン(緑)のT02編成も見応えがある。山陽本線の旭川橋梁を高速で渡る上り「金光臨」8連。岡山ー西河原間 平成28年8月20日
写真:徳田耕治

115系3000番台の中間電動車を務める117系改造の115系3500番台

117系と115系の折衷型のような115系3000番台のうち、一部の編成は中間電動車に117系のM+M'ユニットを改造した115系3500番台を組み込んでいる。この中間電動車は台車が空気ばね、パンタグラフをユニットの外側の東京側に搭載しており、よく見ると115系3000番台の編成とはいろいろな部分で異なっている。 倉敷 平成22年5月13日

JR西日本に継承された"本家"117系 その後の動向

117系は関西のJR電車のシンボルであり、朝夕に6両＋6両の12連で走る勇姿は迫力があった。増備車100番台が先頭の下り新快速12連。東海道本線 神足－山崎間 平成4年8月8日 写真：福田静二

旧"新快速色"に戻り湖西線で活躍する117系6連。現在は地域色の緑（モスグリーン）に塗り替え中。唐崎－大津京間 平成22年11月18日 写真：德田耕治

下関地区へ転じても、往時の車内アコモがそのままの117系100番台。快適な転換クロスシートが好評だった。平成22年3月30日

　国鉄分割民営化でJR西日本に引き継がれた関西圏のシティ電車は、総称して「アーバンネットワーク」と呼称されるようになった。新快速に活躍する117系は、引き続き宮原電車区が受け持ち、"関西JR電車の華"として君臨した。しかし、後継ぎ車の221系が登場すると主役の座は同系へ、さらには223系・225系へと継承。活躍の舞台は亜幹線、支線へと都落ちしていった。

　関西の"本家"117系は、昭和55年（1980）1月から営業運転を開始したが、それより約2年遅い昭和57年（1982）5月に本格営業に就いた名古屋鉄道管理局（→JR東海）の117系は、去る平成26年（2014）1月に全車過去帳入りした。

　しかし、JR西日本に残った117系は今も山陽本線、湖西線、草津線、紀勢本線、和歌山線で勇姿が見られる。本章ではJR西日本（西日本旅客鉄道）に継承後の"本家"117系の動向をまとめてみた。

関西国電の華117系、国鉄改革の"功労車"として注目されJR西日本アーバンネットワークの礎となった。東海道本線 神足-山崎間　昭和55年5月17日　写真：福田静二

新快速のサービスを充実
後継ぎ車221系も登場！

　民営化後初のダイヤ改正となった昭和63年(1988)3月13日改正では、新快速のサービスが夕方から夜間にも拡大。データイムの15分ごとより少し間隔は長いものの、17時台から21時台は20分ごとに設定。また、彦根が起終点の系統の一部を米原まで延長し、JR東海の岐阜・名古屋方面の列車との連絡も図られた。

　かくして、ライバル私鉄との運賃格差を大車輪のサービスで補い、国鉄改革の"功労車"として注目された117系。だが、平成元年(1989)2月にはその後継ぎ車で3扉・転換クロスシート、最高時速120km運転が可能な221系も登場。編成番号がEの4両編成と同Mの6両編成があり、Eは4両+4両の8連で同年3月6日から快速に、Mは同年4月1日から新快速で営業運転を開始した。

　しばらくは117系と221系が共演したが、両系とも朝夕の輸送力列車には2編成連結の12連運用があり、その堂々たる勇姿はJRの意気込みが感じられた。ちなみに、平成元年(1989)3月11日改正では、新快速の設定時間が朝7時台～夜23時台まで拡大(大阪駅発着基準)された。

山崎の大カーブを快走する上り新快速117系6両+6両の12連。山崎-神足（後追いで撮影）　平成2年8月15日　写真：福田静二

新快速の最高速度を
時速115kmにアップ！

平成2年（1990）3月10日改正では、新快速の最高速度が時速115kmにアップ。117系もそのダイヤにのせられたが、これは同系のブレーキ性能の極限だったようでもある。同改正では高槻駅と芦屋駅にデータイムの新快速が停車するようになった。

117系の一部を
福知山線の快速用に転用

平成2年（1990）3月10日改正では221系の運用が増えたため、余剰となった117系6両編成8本は福知山線の快速用に転用された。車体塗色もアイボリーの地色にグリーンの帯を巻いたニューカラー、通称"福知山色"をまとった。塗り替え過渡期には"福知山色"で東海道・山陽本線の新快速運用にも就いていた。

同グループは同2年12月にも1本追加の9本となり、側扉付近の一部の座席の撤去も始まった。

新快速に221系の運用が増えると117系の一部は車体塗色を"福知山色"に変更、福知山線の快速用に整備された。東海道・山陽本線の新快速に活躍する塗り替え過渡期の光景。東海道本線 京都 平成2年2月25日 写真：毛呂信昭

奈良線の快速は4両編成をメインに6両編成も活躍。117系100番台6連の下り快速。稲荷－JR藤森間 平成9年4月26日 写真：中村卓之

平成3年春、117系の4両編成と
8両固定貫通編成も登場
4両編成は奈良線快速に投入！

新快速に221系の運用が増えると、余剰となった117系"新快速色"の6両編成5本は4両編成化され、捻出した電動車ユニット（M＋M'）は6両編成に組み込み、117系初の8両固定編成も5本登場した。

一方、4両編成は平成3年（1991）3月16日改正で新設された奈良線の快速用に充当された。同快速は4両編成をメインに6両編成も活躍した。

117系の新快速
運用が激減

平成3年（1991）3月16日改正では、新快速の221系化がほ

北陸本線の田村－長浜間が直流化されると新快速の一部は長浜まで延長。旧長浜駅舎を利用した「長浜鉄道スクエア」を眺めながら長浜駅に進入する221系6連。北陸本線内は各駅に停車するため当初、種別幕は「普通」を掲出した。平成3年10月13日

ぼ完了し、221系使用列車は最高速度を時速120kmにアップ。117系の新快速は大阪以東に朝が米原→大阪、夕方は大阪→野洲に各1本残るのみとなる。

また、同年9月14日には、北陸本線の田村－長浜間が交流から直流に変更され、新快速が毎時2往復、米原経由で長浜まで直通するようになった。

ラッシュ対策を施した改造車
117系300番台が登場

福知山線は朝夕のラッシュ輸送が凄まじく、"福知山色"のグループはラッシュ対策として、平成4年(1992)3月から翌5年(1993)2月にかけ、側扉間の一部をロングシートに改造し、それに伴う乗車人数の増加を考慮して、元空気溜管圧力を7～8kg/cm²から8～9kg/cm²に変更し、車号を300番台(旧番＋300)とした。

側扉横内側の座席をロングシート化した117系300番台。平成22年3月23日　湖西線で活躍するようになってから撮影　写真：徳田耕治

福知山線の快速用に転用された"福知山色"の117系6連。草野－古市間　平成2年3月10日　写真：中村卓之

クハ117形式300番台（JR西日本・ロングシート改造車）形式図　1/200

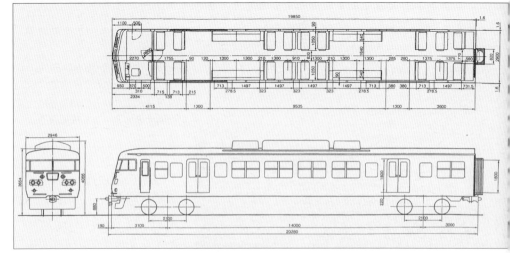

岡山地区の快速「サンライナー」に117系を投入

平成4年(1992)3月14日改正では、岡山地区の快速「サンライナー」に関西地区で余剰となった117系を順次投入。同年7月までに4両編成化された6本が、岡山電車区に転属。車体塗色は白を基調に裾部が赤からオレンジの濃淡に変わるデザインに変更。トイレの汚物処理装置は循環式からカセット式に交換された。

「サンライナー」は平成11年(1999)12月4日からワンマン運転を実施するため、ワンマン機器の新設を同年9月から11月に施工。なお、ワンマン運転での運賃収受はしないため、運賃箱は設置されなかった。

中間電動車ユニットは115系3500番台に改造

「サンライナー」用も含め、8両編成の4両編成化で捻出した中間車の電動車ユニット(M+M')は、老朽化した115系の中間電動車を置き換えるため、115系3500番台に改造された。しかし、115系と117系では補助電源電圧が異なるため、M'車からの補助電源(サービス電源)を供給するため、Tc車のクハ115形に降圧用の補助変圧器を新設。また、ジャンパ連結器も115系はKE76形3本、117系はKE96形1本と異なるため、改造車は車端部を改造し、それに接続できる特殊引き通し線を付加して対応した。このほか、ラッシュ対策として側扉付近の座席をロングシート化し、117系300番台とほぼ同じ座席配置に変更された。

115系3500番台は、平成4年(1992)2月から

岡山地区の快速「サンライナー」に活躍する117系4連。車体塗色は白を基調に裾部が赤からオレンジの濃淡に変わるデザインに変更。倉敷　平成22年5月3日

9月までに岡山電車区に7ユニット、広島運転所にはまず4ユニットの合計22両が転属。ちなみに、岡山組は両端の先頭車が生粋のクハ115形(Tc)で側扉は3扉、117系改造の中間電動車(M+M')は同2扉という珍編成になった。広島組はそれまで2扉車のクハ115形3000番台が、3扉車の同系中間電動車ユニットを挟んでいた編成のそれと交換したため、順次、4両全車が2扉車に揃えられた。平成13年度に300番台から3ユニットが追加改造された。

編成短縮により余剰となった117系の中間電動車ユニットは115系3500番台に改造。パンタグラフは117系時代と同様ユニットの外側、M車モハ115形の東京方に載せたままだ。新山口　平成22年3月28日

115系3500番台の中間電動車ユニット、M'車のモハ114形にパンタグラフはない。現在、新鮮外気導入装置は外されている。徳山　平成28年8月29日

117系と115系の折衷型のような115系3000番台

広島地区のローカル電車に活躍していた153系（急行形・デッキ付き2扉クロスシート）の置換え用として、昭和57年（1982）に登場した近郊形車両。通勤通学輸送がメインなら3扉近郊形の113系で対応できるが、広島都市圏の広島－岩国間には原爆ドームや宮島など、一級の観光資源が点在。かつ、並行する広島電鉄などとの競争力をつけるため、117系と115系の折衷型のような2扉・扉間転換クロスシート装備の115系3000番台が投入された。

性能的には115系2000番台を踏襲したが、車体は側窓を含め117系の前面貫通型タイプで、そのポリシーは、かつての"流電"モハ52形に前面貫通型のモハ43形が登場したときと類似している。内装は115系に準じ、扉間の転換クロスシート部のみが117系を意識したようでもある。

昭和57年11月15日のダイヤ改正で、①115系3000番台だけの冷房車4両編成6本24両と、②編成短縮で捻出した既存の111系電動車ユニット（3扉車）と編成を組む冷房準備車クハ115形15組30両、混結4両編成15本を投入。同改正は編成短縮による列車増発で、広島都市圏は15分ごとの「ひろしまシティ電車」ダイヤを実施。同系はその目玉車両でもあった。ちなみに、②は翌58年（1983）に6本が電動車ユニットを新造の同系3000番台に交換。残り9本はその後、電動車ユニットを115系0番台に交換したのち、うち7本が平成4年（1992）に117系電動車ユニット改造の115系3500番台に交換された。

115系3000番台は当初、両端クハは新造の冷房準備車、中間の電動車ユニットはモハ111形（3扉車）と組む編成もいた。広島　昭和59年3月5日

先頭車は前面貫通型でマスクは115系、サイドビューは117系の115系3000番台。2扉デッキなしで扉間は転換クロスシートを装備。山陽本線　広島　昭和59年3月5日

新快速に 223系1000番台が登場

平成7年（1995）7月には、221系の改良タイプでステンレス車体の223系1000番台が登場。平成6年（1994）に関西空港アクセス用として登場した0番台の高速仕様車で、平成7年8月12日から営業運転を開始した。

この1000番台は時速130km運転も可能だが、しばらくは221系と共通運用されるので、最高時速を120kmに抑え新快速をメインに投入された。

平成7年に登場した最高時速130km運転も可能な223系1000番台。新快速をメインに投入された。　山陽本線　塩屋－須磨間　平成22年5月4日　写真：徳田耕治

117系の新快速が消える！

　平成9年(1997)3月8日改正では、片町線と福知山線を接続する「片福連絡線」ことJR東西線が開業。東海道本線と福知山線が接続する尼崎には新快速が停車するようになった。同改正でも223系1000番台が増備されたが、その2年後の平成11年(1999)3月には、223系の決定版ともいえる223系2000番台も登場した。

　平成11年5月10日改正では、データイムの新快速の大半が223系化され、大阪以東に1往復だけ残っていた東海道本線の117系の新快速も姿を消した。この結果、関西地区で117系が活躍する舞台は、湖西線、草津線、奈良線などになった。

活躍の舞台はローカル線へ、和歌山線に117系

　平成12年(2000)3月11日改正では、和歌山線でも117系を運用することになり、宮原総合運転所の"福知山色"117系300番台4両編成×2本が日根野電車区に転属した。

　宮原総合運転所に残った4両編成3本に、同年8月と11月にパンタグラフを2基にする改造を施工。ちなみに、うち1基は冬季の霜取り用だが、この2基パンタ化は平成11年(1999)8月から翌12年(2000)1月に、6両編成のうち3本のM車3両にも施工された。同改造は関西地区の117系を湖西線や草津線に集中投入するための施策であった。

　一方、6両編成2本は団体列車への運用を考慮し、クハ117形にもトイレを新設。この改造は平成11年(1999)12月にクハ117-1、翌12年(2000)1月にはクハ117-16を施工。このうちの1本はトップナンバーの量産先行車だが、平成14年(2002)3月には"福知山色"から国鉄"新快速色"に、その後もう1本も旧色に戻された。

冬季の霜取り用パンタを追加しパンタグラフ2基を装備したモハ117-102号車。湖西線 和邇　平成22年4月10日

クハ117形の1・16号車には団体運用を考慮しトイレを新設。海側のトイレ部分の窓はきれいに塞がれている。クハ117-1。京都　平成22年4月5日　写真：徳田耕治

クハ117-1号車の新設トイレ。客室側化粧板は木目調。平成22年5月7日　写真：徳田耕治

奈良線快速から撤退した117系の動き
和歌山線・紀勢本線に本格導入！

　平成13年(2001)3月3日改正では、奈良線の快速が221系化され、昼間に「みやこ路快速」を設定。余剰となった117系は、翌14年(2002)3月23日改正までに貸出・転配・組成変更などを経て、4両編成3本が日根野電車区入り。これで日根野の117系は4両編成5本に増強され、同年4月には貸出組も含め正式に同区の所属となる。また、ワンマン改造も施工され、和歌山線は同改正から運賃収受をしないワンマン運転を開始。同改正では117

117系は紀勢本線西部の通勤通学輸送にも運用区間が広がった。和歌山線では運賃収受をしないワンマン運転を行うため、対応改造が施工された。紀三井寺　平成24年1月5日　写真：徳田耕治

系の運用区間が阪和線の日根野－和歌山間、紀勢本線(きのくに線)の和歌山－紀伊田辺間まで拡大。車体塗色は順次、オーシャングリーンの地色にラズベリーの帯を配したニューカラーに変更された。

　一方、6両編成は3本が4両編成化され、捻出の中間電動車ユニット3本(300番台)は115系3500番台に改造され、広島運転所に転属した。

117系・113系
"新快速"のリバイバル運転

　平成16年(2004)10月10日、鉄道の日の記念イベントで117系と113系の「新快速」が東海道・山陽本線に復活。117系は国鉄"新快速色"6両(C1編成)+同6両(C6編成)の堂々12連で大阪→草津→姫路→大阪。113系は"湘南色"の7連(K8編成)で大阪→京都→西明石→大阪のコースで運転。いずれも前面の「新快速」表示は可能な限り再現され、往時を彷彿させた。

平成16年の鉄道の日を記念して運転された117系「新快速」のリバイバル運転。国鉄"新快速色"C1編成6両＋同C6編成6両の堂々12連で草津－姫路間などを快走。大阪駅に到着した上り新快速。平成16年10月10日　写真：秋元隆良

113系の新快速リバイバル列車は"湘南色"のK8編成7連で運転。大阪駅に進入する上り113系新快速。平成16年10月10日　写真：秋元隆良

元祖117系の塒が宮原総合運転所から京都総合運転所へ

平成17年(2005) 4月25日に塚口－尼崎間で脱線転覆事故が発生した福知山線は、同年6月19日から運転を再開。しかし、ATS-Pが未装備の117系は同線での運行ができなくなり、福知山線には京都総合運転所などの113系を投入。代わりに同所へは、宮原総合運転所の117系24両を貸し出し、8両編成3本(8両固定2本・4両＋4両1本)を組成。湖西線、草津線、山陰本線の京都－園部間などで暫定使用した。

平成18年(2006) 5～6月には117系52両が正式に京都総合運転所の配置となり、0番台が6両編成2本、300番台は8両編成2本と6両編成4本に組成。300番台のうち、8両編成1本はモハ117形1両が2基パンタ付き。同6両編成タイプは、3本の電動車ユニット1組は100番台でM車モハ117形は2基パンタ付き、もう1本のそれは300番台だがM車モハ117形は2両とも2基パンタ付き。ちなみに、2基パンタの1つは冬季の湖西線と草津線の霜取り用である。車体塗色は団体用にも使用できる前述の6両編成2本が旧"新快速色"、その他は"福知山色"だったが、

宮原所から京都所へ移籍した117系は平成21年度中に国鉄"新快速色"に戻された。塗り替え過渡期は"福知山色"と国鉄"新快速色"の混結編成も走った。同6連。京都　平成21年6月2日　写真：徳田耕治

その後、ほかの編成も平成21年度中に旧"新快速色"に戻された。

一方、団体にも使用可能な6両編成2本(S01・S02編成)は、改造によりTc車のクハ117形にもトイレが新設されたが、平成21年(2009) 2月と11月には中間電動車でM'車のモハ116形にも車椅子対応の大型トイレを新設、トイレは編成中4ヵ所とした。ちなみに、トイレ増設の改造車はクハ117形、モハ116形ともトイレ部分の窓が塞がれた。

なお、京都総合運転所や日根野電車区などのクハ116形のトイレ用小窓には、臭い除去用の小型ファンを設置。その上部の種別・方向幕は撤去され、同小窓はペイントで塗りつぶし塞がれている。

団体列車にも使用可能な6両編成は2本あったが、その中間電動車ユニットのモハ116形2両には車椅子対応の大型トイレを新設。トイレ側の窓跡はきれいに塞がれた。モハ116-2号車。京都　平成22年4月5日　写真：徳田耕治

モハ116-2号車の大型トイレ。トイレ前の山側座席は撤去されている。平成22年3月30日　写真：徳田耕治

京都所や日根野所などのクハ116形に設置の既設トイレの小窓には、臭い除去用の小型ファンを設置。種別・方向幕の小窓は塗りつぶされた。京都　平成22年5月7日　写真：徳田耕治

トイレ小窓に設置された小型ファン、トイレ側から写す。クハ116-12号車。平成28年8月24日

山陽本線の下関地区にも117系を投入

　平成17年(2005)8月から翌18年(2006)3月には、4両編成×5本(100番台3本・300番台2本)が下関地域鉄道部下関車両管理室へ貸し出され、山陽本線新山口－下関間の普通列車に活躍。このグループは平成19年(2007)12月、正式に同管理室の所属となる。これらの転配により117系の故郷、宮原総合運転所から117系の配置がなくなった。
　なお、下関地域鉄道部下関車両管理室は平成21年(2009)6月1日に下関総合車両所、車両基地は下関総合車両所運用検修センターに改称された。

和歌山地区117系の動向

　日根野電車区の117系は、平成14年(2002)11月に和歌山列車区新和歌山車両センターへ転属。いずれも4両編成のままで0番台2本、300番台2本、もう1本は先頭車が300番台・中間車が0番台の変則組成である。このとき、阪和線と紀勢本線の御坊－紀伊田辺間の運用が消滅。また、汚物処理装置はカセット式に交換された。
　しかし、平成20年(2008)7月には再び日根野電車区所属となり、同センターは同年8月1日、日根野電車区新在家派出所に区所名を変更、同電車区に統合された。

京都の団体用は8両編成に

　平成22年(2010)3月13日改正では、京都総合運転所117系の8両編成運用が消滅。し

団体運用がメインになった京都所の2本(T01・T02)は8両編成に。8両中トップナンバー車4両を含むT1編成は旧"新快速色"だ。山陽本線　金光　平成28年8月29日

山陽本線下関地区に投入された117系4両編成は新山口－下関間で活躍。117系100番台3本は長らく国鉄"新快速色"で活躍した。同4連。新下関　平成22年3月30日

団体サボが差し込まれたT01編成の4号車モハ116形。車椅子対応の大型トイレも設置。山陽本線　金光　平成28年8月29日

下関地区の117系4両編成の2本は300番台。長らく"福知山色"で使用された。新山口　平成22年3月25日

和歌山線で活躍する117系4連のSG001編成。車体塗色は地域色の青緑。中間電動車ユニットは平成28年1月に下関所から吹田所日根野支所新在家派出所に転属、下関時代の相手のTc・Tc'日根野のM+M'は廃車になる。吉野口　平成28年8月24日

かし、団体用としてトイレを新設改造したクハ117形と同モハ116形を含む電動車ユニットを組み合わせ、新しい8両編成2本（T01・T02）が組成された。

"本家"117系の一部が廃車に

広島地区の国鉄型車両の置き換え用として、新型車227系が新製され下関総合車両所広島支所に大量配置された。玉突きで同区の115系は下関総合車両所（運用検修センター）に転属。同所の117系4両編成5本が余剰となり、平成27年（2015）8月と10月に100番台3本が汚物処理装置をカセット式に交換し岡山電車区に転属、岡山の0番台3本が廃車になる。

300番台2本は、翌28年（2016）1月までに吹田総合車両所日根野支所新在家(しんざいけ)派出所に転属したが、日根野入りした300番台は中間車の電動車ユニットのみが生き延び、先頭車はワンマン化改造済みの既存のクハを活用。旧下関の電動車ユニットを既存の日根野の先頭車でサンドイッチする珍編成が誕生した。この転配で、旧下関のクハ117形・クハ116形の各2両と、日根野の電動車ユニット2組が廃車になった。

227系の投入で"本家"117系も115系3500番台に改造された電動車ユニットも含め、平成27年（2015）5月から廃車が始まる。下関地区では115系3500番台に改造されたグループを除き、117系の活躍が見られなくなった。

山陽本線で活躍している117系は、岡山電車区に配置されている4両編成6本のみだが、新鮮外気導入装置を外し、冷房装置をWAU709A形に変更。平成28年（2016）8月現在、快速「サンライナー」の運用が残り、平日の朝には4両＋4両の8連仕業も残っている。

「急電」の魂は新快速として飛躍

新快速は平成12年（2000）3月11日改正で、全列車の223系化と時速130km運転が実現。平成18年（2006）9月24日には北陸本線の長浜から敦賀までが直流化され、同年10月21日の改正では新快速の一部を近江塩津（敦賀）へ、湖西線の近江今津系統の一部が敦賀（近江塩津）まで延長された。

車両面では平成22年（2010）12月1日に223系を改良した225系が、同28年（2016）7月7日にはそのマイナーチェンジ車の225系100番台も登場。これらハイテク車両のベースになったのは国鉄改革の"功労車"117系であり、この飛躍ぶりは戦前の「急電」の魂が今も息づいている証(あかし)ともいえよう。

そして、関西地区に投入された117系の功績は、規模は小さいながらも私鉄の牙城だった名古屋地区の国鉄改革にも波及した。かつての国鉄の概念を大きく変えた偉大なる電車は、新生JRの基盤となり、その発展に貢献したのである。

岡山地区は山陽本線117系の最後の牙城。全車地域色の黄色で、新鮮外気導入装置を外し、冷房装置はWAU709A形に変更。2編成連結の8連運用も残っている。下関区から転属してきた100番台を下り方に連結した117系8連の5705M。金光－鴨方間　平成28年8月30日

平成22年12月には223系を改良した225系が登場。同系使用の上り新快速。東海道本線　塚本　平成22年12月25日　写真：徳田耕治

国鉄大阪鉄道管理局～JR西日本 "本家"117系および関連略史

昭和9年(1934)6月13日
大阪－神戸間に急行電車「急電」を新設、モハ42系などを使用し、料金不要

昭和11年(1936)5月13日
阪神間の「急電」に流線型電車モハ52形を投入。翌12年(1937)6・8月には側窓をワイドにした第2次車も投入

昭和12年(1937)10月10日
「急電」の運転区間を京都－神戸間に拡大

昭和17年(1942)11月13日
太平洋戦争の激化で急行電車の運転を同日限りで廃止

昭和24年(1949)4月10日
京阪間に「急電」が復活、同年6月1日には運転区間を京阪神間に拡大

昭和25年(1950)10月1日
「急電」に"関西色"の80系湘南形電車を投入、10月1日改正から京阪神間の「急電」は80系化。余剰のモハ52形などは阪和線などへ移籍、地方巡業の旅が始まる

昭和32年(1957)9月25日
10月1日ダイヤ改正で名古屋－大阪間に80系300番台使用の電車準急(準急料金必要)を新設のため、急行でも料金不要の「急電」は種別を"快速電車"(快速)に変更。快速用80系の車体塗色を順次、"湘南色"に塗り替え。名阪間電車準急は11月15日に「比叡」と命名

昭和39年(1964)10月1日
80系快速を順次、新性能3扉車の新製113系に置き換え

昭和43年(1968)10月1日
80系はすべて113系に置き換え、80系は山陽本線全線電化完成に伴う客車列車の電車化用に転用

昭和45年(1970)10月1日
万国博輸送で活躍した波動用"スカ色"113系を使用し、京都－西明石間に新快速が登場。京都－大阪間ノンストップ、最速32分

昭和47年(1972)3月15日
山陽新幹線岡山開業、ダイヤ改正。新快速に153系使用の「ブルーライナー」が登場、設定区間を草津－姫路間に延長。京都－明石(西明石)間は15分ごと。最高速度を時速110kmにアップ

昭和48年(1973)10月1日
姫路発着の新快速が毎時2往復になる

昭和49年(1974)7月20日
湖西線開業。新快速を昼間、毎時1往復運転。大阪方面から堅田(観光シーズンは近江今津)まで直通運転開始

昭和55年(1980)1月22日
新快速に117系「シティライナー」が登場、宮原電車区に6両編成24本(C1～C24編成)配置。捻出の153系は名古屋地区の"中京快速"などに転出

昭和60年(1985)3月14日
117系に増備車で車体をマイナーチェンジした100番台が登場。朝夕に彦根発着の新快速を新設。草津発着の新快速は毎時2往復に。高槻－大阪間の最高速度を時速100kmから110kmにアップ、新大阪に新快速が停車。京都－大阪間は最速29分となる。朝夕1往復の新快速が"列車線"(外側線)を走行　(112頁　編成の変遷①参照)

昭和61年(1986)11月1日
民営化移行のダイヤ改正。新快速が山科に停車、西明石は新快速の全列車が停車するようになる。東は彦根、湖西線は近江舞子まで新快速の運転区間を延長。従来、国鉄本社管轄だった"外側線"(列車線)を大鉄局に開放。"内側線"(電車線)を走行していた新快速は原則、草津－西明石間の複々線区間では"外側線"を走行するように変更された

昭和63年(1988)3月13日
夕方ラッシュ時に新快速を増発、その一部は米原発着で運転

平成元年(1989)3月11日
朝ラッシュ時に新快速を新設。その一部に117系2

編成連結の12連運用がお目見え。後継車の221系も登場し、117系と混用で営業運転に就く

平成2年(1990)3月10日
新快速の最高速度を時速115kmにアップ。117系・221系共同じ。高槻と芦屋に新快速が停車。京都以東は"内側線"走行に変更。新快速の221系運用が増加。117系は一部を"福知山色"化し福知山線の快速用に転用、C1〜C8編成が対象

平成2年(1990)4月〜9月
117系5本を組成変更。6両編成5本からMM'ユニット1組を抜き取り、8両編成5本(C11・13・15・17・19編成)と4両編成5本(C12・14・16・18・20編成)が登場 (113頁 編成の変遷②参照)

平成2年(1990)12月
117系の"福知山色"を1本追加、同時に側扉付近の座席を一部撤去。対象はC12編成

平成3年(1991)3月16日
新快速の最高速度を早朝・深夜を除き時速120kmにアップ。新快速はごく一部を除き221系化し、同系使用列車は最高速度を時速120kmにアップ。117系の新快速は朝が米原→大阪、夜は大阪→野洲の上下各1本残るのみ。奈良線に117系使用の快速を新設

平成3年(1991)6月
117系"福知山色"3本の側扉付近の座席を一部撤去、対象はC3・5・6編成

平成3年(1991)9月14日
北陸本線 田村－長浜間の直流化が完成、新快速の一部が長浜まで直通。米原－長浜間は普通

平成4年(1992)3月
117系"福知山色"の側扉間の一部ロングシート化改造を開始。改造車は300番台となり、トップはC7編成

平成4年(1992)3月14日
新快速の全列車を8連以上で運転。岡山地区を走る快速「サンライナー」の一部に117系が登場。トップは2月に4両編成化し"サンライナー色"化されたC9編成で、岡山電車区E1編成となる。関西地区で余剰の117系の一部は岡山、広島地区への転属が始まる。捻出のMM'ユニットの一部は115系3500番台に改造

平成4年(1992)4月〜7月
宮原電車区117系8両編成5本(C11・13・15・17・19編成)を4両編成化し"サンライナー色"化、岡山電車区E2〜6編成となる。「サンライナー」の117系化が成り、本数も増える。捻出のMM'ユニット10組は115系3500番台に改造し、岡山電車区と広島運転所に転属 (114頁 編成の変遷③参照)

平成4年(1992)5月〜
宮原電車区の117系"福知山色"6両編成の側扉付近をロングシート化する300番台車を追加。C7編成のほかC2〜6・8・10・21編成も加わる

平成4年(1992)9月
宮原電車区117系6両編成2本を4両編成化(C102・103編成)し、別の6両編成2本に組み込み8両編成化(C1・C101編成) (114頁 編成の変遷③参照)

平成7年(1995)1月17日
阪神・淡路大震災が発生。近畿地方のJR西日本各線が被災

平成7年(1995)4月1日
阪神・淡路大震災による不通区間の多くが復旧。私鉄の復旧が遅れ、朝夕ラッシュ時に臨時新快速を運転、117系も活躍

平成7年(1995)4月〜9月
宮原電車区で117系の組成変更を実施。"福知山色"だけで編成された300番台は6両編成6本(C4〜8・10編成)と4両編成3本(C2・3・21編成)。そのほかの6両編成は8本("福知山色"に統一編成や100番台、"福知山色"300番台混結もあり)、予備でクハ117形・クハ116形各1両も在籍 (115頁 編成の変遷④参照)

平成7年(1995)8月12日
新快速に223系1000番台が登場し新快速へ投入

平成8年(1996)4月〜
宮原電車区の117系全編成に耐雪ブレーキを新設

平成9年(1997)1月・3月
宮原運転所117系のクハ117形、クハ116形各2両の側扉付近をロングシートに改造し、"福知山色"の300番台化。改造はクハ117-18とクハ116-18が1月31日、クハ117-20とクハ116-20が3月5日。組成変更も実施し、"福知山色"の300番台は6両

編成6本（C4～8・10編成）、4両編成5本（C2・3・18・20・21編成）。その他の6両編成は7本（C1編成〈"福知山色"〉、C12・14・16・101～103編成）となる　（116頁　編成の変遷⑤参照）

平成9年（1997）～
方向幕の行き先表示を黒地に白文字とする

平成10年（1998）4月から
前面の種別表示が221系・223系1000番台に準じた黒地に英文字入りに変更

平成11年（1999）5月11日
223系2000番台が登場。新快速は草津－西明石間で最高速度を時速130kmにアップ。足の遅い117系は新快速運用から撤退

平成11年（1999）8月～
宮原総合運転所117系M車の一部に冬季対策として"霜とりパンタ"を増設、パンタグラフ2基化工事が始まる。12年（2000）12月までに6両施工

平成11年（1999）12月4日
岡山電車区117系「サンライナー」の多くの列車で、運賃収受をしないワンマン運転を開始。自動放送などの機器は同年9月～11月に設置

平成11年（1999）12月
宮原総合運転所117系のクハ117形2両にトイレ新設。クハ117-1は12月3日、クハ117-16は翌12年（2000）1月28日に設置。6両編成2本（C1・C16編成）はトイレが1号車と6号車の2ヵ所になる

平成12年（2000）3月11日
新快速の全列車を223系化し、米原－姫路間で最高時速130km運転を開始。117系の地方転出が本格化する。宮原総合運転所の"福知山色"300番台4両編成2本（C18・C20編成）が日根野電車区に転属し、3月11日から和歌山線で使用開始

平成13年（2001）3月3日
奈良線の快速を221系化（「みやこ路快速」）、同線の117系の運用が消滅

平成13年（2001）4月
宮原総合運転所117系6両編成1本（C12編成）のMM'ユニット（303）が115系3500番台に改造され、広島運転所へ転属。残りの4両編成は下関車両管理室へ一時貸出後、翌14年（2002）4月に日根野電車区へ転属。ほかに6両編成1本（C14編成）が平成14年3月から日根野電車区へ貸出される

平成13年（2001）12月
宮原総合運転所117系"福知山色"300番台6両編成1本（C8編成）のMM'ユニット2組（315・316）が115系3500番台に改造され、広島運転所へ転属。捻出のTc・Tc'各1両（クハ117-308、クハ116-308）は、日根野電車区に貸出中のC14編成からMM'ユニット1組を抜き取り、4両編成を組む。この時、ワンマン化（後述）と車体塗色をオーシャングリーンにラズベリーの帯の新塗装をまとう。旧C14編成は翌14年（2002）4月、正式に日根野電車区に転属。同区の117系は4両編成5本、G401～405編成となり、順次ワンマン化と前述の新塗装化が施工される　（117頁　編成の変遷⑥参照）

平成14年（2002）3月23日
日根野電車区の117系で運賃収受をしないワンマン運転を開始。ワンマン機器は平成13年（2001）12月より順次新設。同区の117系の運用区間は和歌山線のほか、阪和線の日根野－和歌山間、紀勢本線の和歌山－紀伊田辺間。また、同区の117系は同年11月に新和歌山車両センター所属となる

平成14年（2002）3月
宮原総合運転所117系6両編成を国鉄"新快速色"に戻す塗り替えが始まる。トップはC1編成

平成16年（2004）10月10日
鉄道の日記念のイベントで117系と113系の「新快速」をリバイバル運転。117系は6両+6両の堂々12連、113系は7連。前面の「新快速」表示も可能な限り再現し、東海道・山陽本線を快走した

平成17年（2005）5月～
福知山線脱線事故による車両貸借で、京都総合運転所113系と宮原総合運転所117系との貸借を実施。117系は一部組成変更し、8両編成2本（T04・T05編成）と4両+4両の8両編成1本（T06編成〈旧C2・C3編成〉）を京都所へ貸出。岡山電車区へは6両編成のC102編成からMM'ユニット1組を抜いた4両編成を、下関車両管理室へは同C101・C103編成から同じ措置により4両編成2本を貸出。同年8月までに完了

平成18年（2006）2月～
岡山電車区に貸出中のC102編成（4両編成）、京都

総合車両所に貸出中の旧C2・C3編成（4両編成）を下関車両管理室へ移動、新貸出先とする。同年3月までに完了

平成18年（2006）6月
宮原総合運転所の117系は貸出車を除き全車が京都総合運転所へ転属、移動は同年5月から順次実施

平成18年（2006）10月21日
北陸本線の直流電化区間を長浜から敦賀まで延長。湖西線、北陸本線の新快速の一部が敦賀まで運転区間を拡大

平成19年（2007）12月
宮原総合運転所から下関車両管理室へ貸出中の117系4両編成5本が同室へ正式に転属（118頁 編成の変遷⑦参照）

平成20年（2008）7月
新和歌山車両センターの117系は再び所属が日根野電車区に戻る。同年8月1日、新和歌山車両センターは区所名を日根野電車区新在家派出所に変更、117系はここに常駐する

平成21年（2009）3月14日
岡山地区で117系を使用の快速「サンライナー」の昼間の列車を廃止。朝夕のみの運転となる

平成21年（2009）11月
京都総合運転所117系6両編成のS01編成、M'車でモハ116形の下り方（下関方）3位妻部に車椅子対応の大型トイレを設置、施工はモハ116-1とモハ116-2の2両。同年11月には同S02編成のモハ116-32とモハ116-36の2両にも設置。いずれも主に団体列車運用時に使用し、一般列車運用時は原則として施錠（119頁 編成の変遷⑧参照）

平成22年（2010）2月
京都総合運転所の117系は国鉄"新快速色"に戻る

平成22年（2010）3月23日
岡山電車区の117系が地域別車体塗装1色化でE5編成の車体が黄色に。以後、順次塗り替え

平成22年（2010）6月2日
京都総合運転所で117系の組成変更を実施。同年3月13日のダイヤ改正で定期列車の8連運用が消滅。Tc車クハ117形およびM'車モハ116形のトイレ付き車両を活用し、8両編成2本が団体用に用意された。この結果、T01・T02編成は8両編成で団体用、トイレはTc・M'・M'2・Tc'の4両にある。6両編成は6本（S01～06編成）で、うち4本（S02～04・06編成）のM1両は"霜取りパンタ"付きのパンタグラフ2基となっている（120頁 編成の変遷⑨参照）

平成22年（2010）7月20日
下関総合車両所（運用検修センター）の117系も地域別車体塗色1色化で、C105編成の車体が黄色に。その後はC101編成が平成26年（2014）9月12日に黄色に

平成22年（2010）12月1日
新型車225系0番台が登場。新快速をメインに営業運転を開始

平成24年（2012）3月13日
京都総合運転所の117系は地域別車体塗色1色化で緑色（モスグリーン）化されるが、トップは団体用で8両編成のT02編成が3月13日同色に。以後、他の編成も順次塗り替えを実施

平成24年（2012）3月30日
日根野電車区新在家派出所の117系も地域別車体塗色1色化で、SG003編成の車体が青緑色に。他の編成も以後、順次変更

平成27年（2015）8月～平成28年（2016）1月
下関総合車両所広島支所へ新製の新形式車227系の大量投入に伴い、同支所115系が下関総合車両所（運用検修センター）に大量移動。玉突きで同所の117系は100番台3本（C101～103編成）が岡山電車区に転属しE7～9編成（E7・8編成は8月、E9編成は10月）になる。岡山電車区の117系E1～3編成は廃車。下関の300番台2本はC104編成が11月、C105編成は平成28年（2016）1月に吹田総合車両所日根野支所新在家派出所に転属。同所ではワンマン機器の都合上、転属車のクハはTc・Tc'とも廃車、MM'ユニットのみ活かしSG001・002編成の組成変更を実施。"本家"117系も115系3500番台に改造されたグループも含め廃車が始まる（121頁 編成の変遷⑩参照）

平成28年（2016）7月7日
225系100番台が登場、新快速をメインに営業運転を開始

国鉄大阪鉄道管理局～JR西日本 117系の編成の変遷

国鉄時代に大阪鉄道管理局に新製配置された117系は、その後に編成両数の変化や運用線区の変更などを経て、一部の車両ではトイレやパンタグラフの増設、115系への形式間変更などが行われた。主なエポック時期を選定し、その配置区所や編成の変化を図示してみた。

"私鉄風国電"117系。特急普通車並みの車内設備を誇り、国鉄近郊形の最高傑作だった。新快速に活躍する117系6連。姫路 昭和60年1月22日

① **昭和61年(1986)11月1日現在** 民営化移行のダイヤ改正時(国鉄最後のダイヤ改正)

■宮原電車区 117系

京都← Tc クハ117 / M モハ117 / M′ モハ116 / M モハ117 / M′ モハ116 / Tc′ クハ116(トイレ) →姫路

編成番号	クハ117	モハ117	モハ116	モハ117	モハ116	クハ116
C 1	1	1	1	2	2	1
C 2	2	3	3	4	4	2
C 3	3	5	5	6	6	3
C 4	4	7	7	8	8	4
C 5	5	9	9	10	10	5
C 6	6	11	11	12	12	6
C 7	7	13	13	14	14	7
C 8	8	15	15	16	16	8
C 9	9	17	17	18	18	9
C10	10	19	19	20	20	10
C11	11	21	21	22	22	11
C12	12	23	23	24	24	12
C13	13	25	25	26	26	13
C14	14	27	27	28	28	14
C15	15	29	29	30	30	15
C16	16	31	31	32	32	16
C17	17	33	33	34	34	17
C18	18	35	35	36	36	18
C19	19	37	37	38	38	19
C20	20	39	39	40	40	20
C21	21	41	41	42	42	21
C22	101	101	101	102	102	101
C23	102	103	103	104	104	102
C24	103	105	105	106	106	103

② 平成3年(1991)4月1日現在　福知山線快速・奈良線快速に投入後の編成

■宮原電車区 117系

6両編成（京都←→姫路）

編成番号	Tc クハ117	M モハ117	M' モハ116	M モハ117	M' モハ116	Tc' クハ116	
C 1	1	1	1	2	2	1	フ
C 2	2	3	3	4	4	2	フ
C 3	3	5	5	6	6	3	フ
C 4	4	7	7	8	8	4	フ
C 5	5	9	9	10	10	5	フ
C 6	6	11	11	12	12	6	フ
C 7	307	313	313	314	314	307	フ
C 8	8	15	15	16	16	8	フ
C 21	21	41	41	42	42	21	フ
C 9	9	17	17	18	18	9	
C 10	10	19	19	20	20	10	
C 22	101	101	101	102	102	101	
C 23	102	103	103	104	104	102	
C 24	103	105	105	106	106	103	

8両編成（京都←→姫路）

編成番号	Tc クハ117	M モハ117	M' モハ116	M モハ117	M' モハ116	M モハ117	M' モハ116	Tc' クハ117
C 11	11	21	21	22	22	23	23	11
C 13	13	25	25	26	26	27	27	13
C 15	15	29	29	30	30	31	31	15
C 17	17	33	33	34	34	35	35	17
C 19	19	37	37	38	38	39	39	19

4両編成（京都←→姫路）

編成番号	Tc クハ117	M モハ117	M' モハ116	Tc' クハ116
C 12	12	24	24	12
C 14	14	28	28	14
C 16	16	32	32	16
C 18	18	36	36	18
C 20	20	40	40	20

凡 例

- 117系電車の車体塗色(車号の右側に表記)
  - 無印 = 新快速色
  - フ = 福知山線色
  - サ = サンライナー色
  - オ = オーシャングリーン
- 地域別車体塗色(車号の右側に表記)
  - 黄 = 黄色(岡山・下関)
  - 緑 = 緑色(京都)
  - 青緑 = 青緑色(日根野)

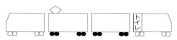

- 黒丸車輪は電動車、白丸車輪は非電動車(制御車・付随車)。
- 屋根上の ◇ はパンタグラフ設置位置。増設車は車号にアンダーラインで表記。
- トイレ はトイレ設置位置。増設車は車号○囲みで表記。
- モハ117形＋モハ116形ユニットの115系化車は四角囲みと注釈で表記。

③ 平成4年(1992)10月1日現在　岡山地区の快速「サンライナー」に投入　300番台化・115系3500番台改造車登場

■宮原電車区 117系

京都← クハ117 [Tc] ─ モハ117 [M] ─ モハ116 [M'] ─ モハ117 [M] ─ モハ116 [M'] ─ クハ116 [Tc'] →姫路

編成番号	Tc クハ117	M モハ117	M' モハ116	M モハ117	M' モハ116	Tc' クハ116	
C 2	302	303	303	304	304	302	フ
C 3	303	305	305	306	306	303	フ
C 4	304	307	307	308	308	304	フ
C 5	5	9	9	10	10	5	フ
C 6	6	11	11	12	12	6	フ
C 7	307	313	313	314	314	307	フ
C 8	308	315	315	316	316	308	フ
C10	10	19	19	20	20	10	フ
C21	21	41	41	42	42	21	フ

京都← クハ117 [Tc] ─ モハ117 [M] ─ モハ116 [M'] ─ モハ117 [M] ─ モハ116 [M'] ─ モハ117 [M] ─ モハ116 [M'] ─ クハ116 [Tc'] →姫路

編成番号	Tc クハ117	M モハ117	M' モハ116	M モハ117	M' モハ116	M モハ117	M' モハ116	Tc' クハ116	
C 1	1	1	1	2	2	105	105	1	フ
C101	101	101	101	102	102	103	103	101	

京都← クハ117 [Tc] ─ モハ117 [M] ─ モハ116 [M'] ─ クハ116 [Tc'] →姫路

編成番号	Tc クハ117	M モハ117	M' モハ116	Tc' クハ116
C12	12	24	24	12
C14	14	28	28	14
C16	16	32	32	16
C18	18	36	36	18
C20	20	40	40	20
C102	102	104	104	102
C103	103	106	106	103

■岡山電車区 117系 「サンライナー」ほか

姫路← クハ117 [Tc] ─ モハ117 [M] ─ モハ116 [M'] ─ クハ116 [Tc'] →三原

編成番号	Tc クハ117	M モハ117	M' モハ116	Tc' クハ116	
E 1	9	18	18	9	サ
E 2	11	22	22	11	サ
E 3	13	26	26	13	サ
E 4	15	30	30	15	サ
E 5	17	34	34	17	サ
E 6	19	38	38	19	サ

■岡山電車区 115系

三原← クハ115 [3扉 Tc] ─ モハ115 [2扉 M] ─ モハ114 [2扉 M'] ─ クハ115 [3扉 Tc'] →三原

編成番号	Tc クハ115	M モハ115	M' モハ114	Tc' クハ115
K 1	1117	3501	3501	603
K 2	1121	3504	3504	606
K 3	1122	3510	3510	124
K 4	1141	3507	3507	602
K 5	1147	3505	3505	34
K 6	1150	3506	3506	35
K 7	1153	3511	3511	36

●3500番台は117系からの改造車

■広島運転所 115系

三原← クハ115 [2扉 Tc] ─ モハ115 [2扉 M] ─ モハ114 [2扉 M'] ─ クハ115 [2扉 Tc'] →下関

編成番号	Tc クハ115	M モハ115	M' モハ114	Tc' クハ115
A18	3118	3502	3502	3018
A19	3119	3503	3503	3019
A20	3120	3508	3508	3020
A21	3121	3509	3509	3021

●3500番台は117系からの改造車

④ 平成8年(1996)10月1日現在　　300番台化改造車追加　8両編成(固定)消滅

■宮原電車区 117系

編成番号	Tc クハ117 京都←	M モハ117	M' モハ116	M モハ117	M' モハ116	Tc' クハ116 →姫路	
C 4	304	305	305	308	308	304	フ
C 5	305	309	309	310	310	305	フ
C 6	306	311	311	312	312	306	フ
C 7	307	313	313	314	314	307	フ
C 8	308	315	315	316	316	308	フ
C10	310	319	319	320	320	310	フ
C 1	1	1	1	2	2	1	フ
C14	14	105	105	28	28	14	
C16	16	103	103	32	32	16	
C18	18	307	307	36	36	18	一部フ
C20	20	305	305	40	40	20	一部フ
C101	101	101	101	102	102	101	
C102	102	24	24	104	104	102	
C103	103	303	303	106	106	103	一部フ
C12	12					12	

□ はフ

編成番号	Tc クハ117 京都←	M モハ117	M' モハ116	Tc' クハ116 →姫路	
C 2	302	304	304	302	フ
C 3	303	306	306	303	フ
C21	321	342	342	321	

■岡山電車区 117系 「サンライナー」ほか

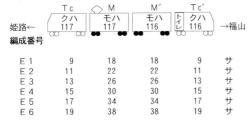

編成番号	Tc クハ117 姫路←	M モハ117	M' モハ116	Tc' クハ116 →福山	
E 1	9	18	18	9	サ
E 2	11	22	22	11	サ
E 3	13	26	26	13	サ
E 4	15	30	30	15	サ
E 5	17	34	34	17	サ
E 6	19	38	38	19	サ

■岡山電車区 115系

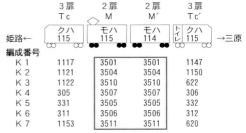

編成番号	3扉 Tc クハ115 姫路←	2扉 M モハ115	2扉 M' モハ114	3扉 Tc' クハ115 →三原
K 1	1117	3501	3501	1147
K 2	1121	3504	3504	1150
K 3	1122	3510	3510	622
K 4	305	3507	3507	306
K 5	331	3505	3505	332
K 6	311	3506	3506	312
K 7	1153	3511	3511	620

●3500番台は117系からの改造車

■広島運転所 115系

編成番号	2扉 Tc クハ115 三原←	2扉 M モハ115	2扉 M' モハ114	2扉 Tc' クハ115 →下関
N18	3118	3502	3502	3018
N19	3119	3503	3503	3019
N20	3120	3508	3508	3020
N21	3121	3509	3509	3021

●3500番台は117系からの改造車

⑤ 平成9年(1997)4月1日現在　300番台化改造車追加

■宮原電車区 117系

編成番号	Tc クハ117	M モハ117	M' モハ116	M モハ117	M' モハ116	Tc' クハ116	
京都←							→姫路
C 4	304	305	305	308	308	304	フ
C 5	305	309	309	310	310	305	フ
C 6	306	311	311	312	312	306	フ
C 7	307	313	313	314	314	307	フ
C 8	308	315	315	316	316	308	フ
C10	310	319	319	320	320	310	フ
C 1	1	1	1	2	2	1	
C12	12	24	24	303	303	12	
C14	14	32	32	28	28	14	
C16	16	40	40	36	36	16	
C101	101	101	101	102	102	101	
C102	102	103	103	104	104	102	
C103	103	105	105	106	106	103	

編成番号	Tc クハ117	M モハ117	M' モハ116	Tc' クハ116	
京都←					→姫路
C 2	302	304	304	302	フ
C 3	303	306	306	303	フ
C18	318	305	305	318	フ
C20	320	341	341	320	フ
C21	321	342	342	321	フ

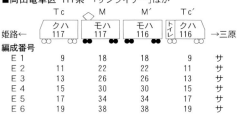

■岡山電車区 117系 「サンライナー」ほか

編成番号	Tc クハ117	M モハ117	M' モハ116	Tc' クハ116	
姫路←					→三原
E 1	9	18	18	9	サ
E 2	11	22	22	11	サ
E 3	13	26	26	13	サ
E 4	15	30	30	15	サ
E 5	17	34	34	17	サ
E 6	19	38	38	19	サ

■岡山電車区 115系

編成番号	3扉 Tc クハ115	2扉 M モハ115	2扉 M' モハ114	3扉 Tc' クハ115	
姫路←					→三原
K 1	1117	3501	3501	1147	
K 2	1121	3504	3504	1150	
K 3	1122	3510	3510	622	
K 4	305	3507	3507	306	
K 5	331	3505	3505	332	
K 6	311	3506	3506	312	
K 7	1153	3511	3511	620	

●3500番台は117系からの改造車

■広島運転所 115系

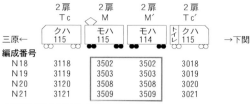

編成番号	2扉 Tc クハ115	2扉 M モハ115	2扉 M' モハ114	2扉 Tc' クハ115	
三原←					→下関
N18	3118	3502	3502	3018	
N19	3119	3503	3503	3019	
N20	3120	3508	3508	3020	
N21	3121	3509	3509	3021	

●3500番台は117系からの改造車

⑥ 平成14年(2002) 4月1日現在　和歌山地区に投入　115系3500番台化改造車追加

■宮原総合運転所 117系

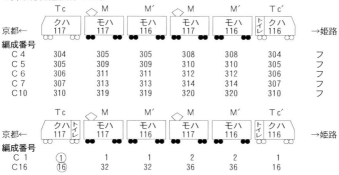

京都← [Tc クハ117] [M モハ117] [M' モハ116] [M モハ117] [M' モハ116] [Tc' クハ116] →姫路

編成番号	Tc クハ117	M モハ117	M' モハ116	M モハ117	M' モハ116	Tc' クハ116	
C 4	304	305	305	308	308	304	フ
C 5	305	309	309	310	310	305	フ
C 6	306	311	311	312	312	306	フ
C 7	307	313	313	314	314	307	フ
C10	310	319	319	320	320	310	フ

編成番号	Tc クハ117	M モハ117	M' モハ116	M モハ117	M' モハ116	Tc' クハ116
C 1	①	1	1	2	2	1
C16	⑯	32	32	36	36	16

●○囲みのクハ117形はトイレ新設改造車

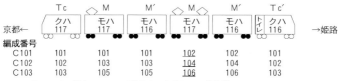

編成番号	Tc クハ117	M モハ117	M' モハ116	M モハ117	M' モハ116	Tc' クハ116
C101	101	101	101	102	102	101
C102	102	103	103	104	104	102
C103	103	105	105	106	106	103

●アンダーライン付きのモハ117形はパンタグラフ2基装備

編成番号	Tc クハ117	M モハ117	M' モハ116	Tc' クハ116	
C 2	302	304	304	302	フ
C 3	303	306	306	303	フ
C21	321	342	342	321	フ

●アンダーライン付きのモハ117形はパンタグラフ2基装備

■岡山電車区 117系 「サンライナー」ほか

姫路← [Tc クハ117] [M モハ117] [M' モハ116] [Tc' クハ116] →三原

編成番号	Tc クハ117	M モハ117	M' モハ116	Tc' クハ116	
E 1	9	18	18	9	サ
E 2	11	22	22	11	サ
E 3	13	26	26	13	サ
E 4	15	30	30	15	サ
E 5	17	34	34	17	サ
E 6	19	38	38	19	サ

■広島運転所 115系

三原← [2扉 Tc クハ115] [2扉 M モハ115] [2扉 M' モハ114] [2扉 Tc' クハ115] →下関

編成番号	Tc クハ115	M モハ115	M' モハ114	Tc' クハ115
N14	3114	3514	3514	3014
N16	3116	3512	3512	3016
N17	3117	3513	3513	3017
N18	3118	3502	3502	3018
N19	3119	3503	3503	3019
N20	3120	3508	3508	3020
N21	3121	3509	3509	3021

●3500番台は117系からの改造車

■岡山電車区 115系

姫路← [3扉 Tc クハ115] [2扉 M モハ115] [2扉 M' モハ114] [3扉 Tc' クハ115] →三原

編成番号	Tc クハ115	M モハ115	M' モハ114	Tc' クハ115
K 1	1117	3501	3501	1147
K 2	1121	3504	3504	1150
K 3	1122	3510	3510	1234
K 4	305	3507	3507	306
K 5	331	3505	3505	332
K 6	311	3506	3506	312
K 7	1153	3511	3511	1216

●3500番台は117系からの改造車

■日根野電車区 117系

王寺・和歌山← [Tc クハ117] [M モハ117] [M' モハ116] [Tc' クハ116] →御坊

編成番号	Tc クハ117	M モハ117	M' モハ116	Tc' クハ116	
G401	12	24	23	12	オ
G402	14	28	28	14	オ
G403	308	40	40	308	オ
G404	318	305	305	318	オ
G405	320	341	341	320	オ

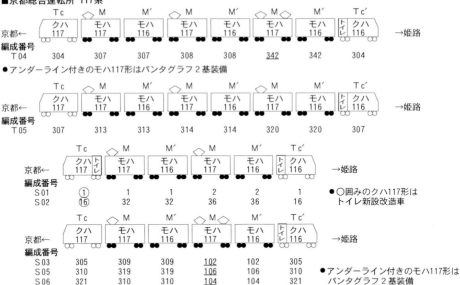

⑧ 平成22年（2010）4月1日現在　団体使用可能な6両編成にトイレ増設

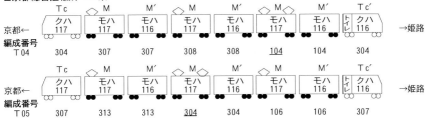

- T04・T05編成のアンダーライン付きのモハ117形はパンタグラフ2基装備
- ○囲みのクハ117形・モハ116形はトイレ新設改造車
- アンダーライン付きのモハ117形はパンタグラフ2基装備

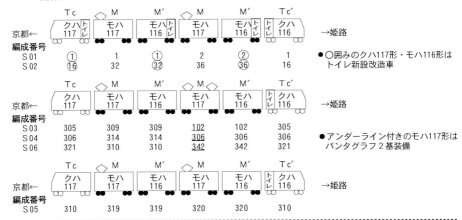

- 3500番台は117系からの改造車
- 3500番台は117系からの改造車

⑨ 平成22年(2010)10月1日現在　団体用8両編成(固定)登場

■京都総合運転所　117系

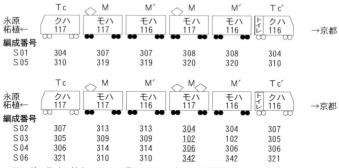

	Tc	M	M′	M	M′	M	M′	Tc′
近江今津←	クハ117	モハ117	モハ116	モハ117	モハ116	モハ117	モハ116	クハ116	→京都
編成番号								
T 01	①16	1	①32	2	36	②36	104	104	1
T 02	16	32	32	36	36	104	106	106	16

●アンダーライン付きのモハ117形はパンタグラフ2基装備　○囲みのクハ117形・モハ116形はトイレ新設改造車

	Tc	M	M′	M	M′	Tc′	
永原柘植←	クハ117	モハ117	モハ116	モハ117	モハ116	クハ116	→京都
編成番号							
S 01	304	307	307	308	308	304	
S 05	310	319	319	320	320	310	

	Tc	M	M′	M	M′	Tc′	
永原柘植←	クハ117	モハ117	モハ116	モハ117	モハ116	クハ116	→京都
編成番号							
S 02	307	313	313	304	304	307	
S 03	305	309	309	102	102	305	
S 04	306	314	314	306	306	306	
S 06	321	342	342	342	342	321	

●アンダーライン付きのモハ117形はパンタグラフ2基装備

■日根野電車区新在家派出所　117系

	Tc	M	M′	Tc′	
王寺←和歌山	クハ117	モハ117	モハ116	クハ116	→御坊
編成番号					
G 1	12	24	24	12	オ
G 2	14	28	28	14	オ
G 3	308	40	40	308	オ
G 4	318	305	305	318	オ
G 5	320	341	341	320	オ

■岡山電車区　117系

	Tc	M	M′	Tc′	
姫路←	クハ117	モハ117	モハ116	クハ116	→三原
編成番号					
E 1	9	18	18	9	サ
E 2	11	22	22	11	サ
E 3	13	26	26	13	サ
E 4	15	30	30	15	サ
E 5	17	34	34	17	サ
E 6	19	38	38	19	サ

■岡山電車区　115系

	3扉Tc	2扉M	2扉M′	3扉Tc′	
姫路←	クハ115	モハ115	モハ114	クハ115	→三原
編成番号					
K 1	1117	3501	3501	1147	
K 2	1121	3504	3504	1150	
K 3	1122	3510	3510	1234	
K 4	305	3507	3507	306	
K 5	331	3505	3505	332	
K 6	311	3506	3506	312	
K 7	1153	3511	3511	1216	

●3500番台は117系からの改造車

■下関総合車両所(運用研修センター)　117系

	Tc	M	M′	Tc′	
広島←	クハ117	モハ117	モハ116	クハ116	→下関
編成番号					
C 101	101	101	101	101	
C 102	102	103	103	102	
C 103	103	105	105	103	
C 104	302	311	311	302	フ
C 105	303	312	312	303	黄

■下関総合車両所(運用研修センター)　115系

	2扉Tc	M	M′	2扉Tc′	
広島←	クハ115	モハ115	モハ114	クハ115	→下関
編成番号					
N 14	3014	3514	3514	3014	
N 16	3116	3512	3512	3016	
N 17	3117	3513	3513	3017	
N 18	3118	3502	3502	3018	
N 19	3119	3503	3503	3019	
N 20	3120	3508	3508	3020	
N 21	3121	3509	3509	3021	

●3500番台は117系からの改造車

⑩ 平成28年(2016) 4月1日現在　廃車発生後の新編成

■吹田総合運転所京都支所 117系

近江今津← 　Tc クハ117 ／ M モハ117 ／ M' モハ116 ／ M モハ117 ／ M' モハ116 ／ M モハ117 ／ M' モハ116 ／ Tc' クハ117 →京都

編成番号	Tc	M	M'	M	M'	M	M'	Tc'	
T 01	①	1	①	2	②	104	104	1	
T 02	⑯	32	㉜	36	㊱	106	106	16	緑

●アンダーライン付きのモハ117形はパンタグラフ2基装備　○囲みのクハ117形・モハ116形はトイレ新設改造車

永原柘植← 　Tc クハ117 ／ M モハ117 ／ M' モハ116 ／ M モハ117 ／ M' モハ116 ／ Tc' クハ116 →京都

編成番号	Tc	M	M'	M	M'	Tc'	
S 01	304	307	307	308	308	304	
S 05	310	319	319	320	320	310	緑

永原柘植← 　Tc クハ117 ／ M モハ117 ／ M' モハ116 ／ M モハ117 ／ M' モハ116 ／ Tc' クハ116 →京都

編成番号	Tc	M	M'	M	M'	Tc'	
S 02	307	313	313	304	304	307	
S 03	305	309	309	102	102	305	
S 04	306	314	314	306	306	306	
S 06	321	310	310	342	342	321	緑

●アンダーライン付きのモハ117形はパンタグラフ2基装備

■吹田総合車両所日根野支所新在家派出所 117系

王寺←和歌山 　Tc クハ117 ／ M モハ117 ／ M' モハ116 ／ Tc' クハ116 →御坊

編成番号	Tc	M	M'	Tc'	
SG001	12	312	312	12	青緑
SG002	14	311	311	14	青緑
SG003	308	40	40	308	青緑
SG004	318	305	305	318	オ
SG005	320	341	341	320	オ

■岡山電車区 117系

姫路← 　Tc クハ117 ／ M モハ117 ／ M' モハ116 ／ Tc' クハ116 →三原

編成番号	Tc	M	M'	Tc'	
E 4	15	30	30	15	サ
E 5	17	34	34	17	黄
E 7	19	38	38	19	黄
E 7	101	101	101	101	黄
E 8	102	103	103	102	黄
E 9	103	105	105	103	黄

■岡山電車区 115系

姫路← 　3扉 Tc クハ115 ／ 2扉 M モハ115 ／ 2扉 M' モハ114 ／ 3扉 Tc' クハ115 →三原

編成番号	Tc	M	M'	Tc'	
K 1	1117	3501	3501	1147	黄
K 6	311	3506	3506	312	

●3500番台は117系からの改造車

■下関総合車両所 115系

広島← 　Tc クハ115 ／ 2扉 M モハ115 ／ 2扉 M' モハ114 ／ 2扉 Tc' クハ115 →下関

編成番号	Tc	M	M'	Tc'
N14	3114	3514	3514	3014
N16	3116	3512	3512	3016
N17	3117	3513	3513	3017
N18	3118	3502	3502	3018
N19	3119	3503	3503	3019
N20	3120	3508	3508	3020
N21	3121	3509	3509	3021

●3500番台は117系からの改造車

117系 全車両の車歴表

平成28年（2016）4月1日現在

凡例

配置（新製）、転属先の所属略号の名称は以下の通り。（凡例中の新製配置の国鉄管理局名が記載以外の所属区所はＪＲ化後を示す）

- ミハ（大ミハ）→現：近ミハ　国鉄大阪鉄道管理局宮原電車区→宮原運転区→宮原総合運転所→網干総合車両所宮原支所
- キト（大ムコ）→現：近キト　向日町運転所→京都総合運転所→吹田総合車両所京都支所
- ヒネ（天ヒネ〈大ヒネ〉）→現：近ヒネ　日根野電車区→吹田総合車両所日根野支所
- ワカ（和ワカ〈大ヒネ〉）→現：近ヒネ　新和歌山車両センター→日根野電車区新在家派出所→吹田総合車両所日根野支所新在家派出所
- オカ（岡オカ）　岡山電車区→岡山運転区→岡山運転所→岡山電車区
- ヒロ（広ヒロ）　広島運転所→下関総合車両所広島支所
- セキ（広セキ）　下関運転所→下関地域鉄道部下関車両管理室→下関総合車両所
- カキ（名カキ）→現：海カキ　国鉄名古屋鉄道管理局大垣電車区→大垣車両区
- シン（名シン）→現：海シン　国鉄名古屋鉄道管理局神領電車区→神領車両区

※印　117系300番台（一部ロングシート化）への改造車
▲印　115系3500番台（一部ロングシート化）への改造車＝117系のMM'ユニットのモハ117＋モハ116を、115系のMM'ユニットのモハ115＋モハ114に改造

クハ117形

形式・車号	新製日	製作所	配置	転属日・転属先		転属日・転属先		転属日・転属先	
クハ 117-1	S 54. 9.12	川 重	ミハ	H 18. 5.22	キト				
クハ 117-2 （※ 302）	S 55. 1.29	川 重	ミハ	H 19.12. 1	※セキ	H 27.11.27	ヒネ		
クハ 117-3 （※ 303）	S 55. 1.29	川 重	ミハ	H 19.12. 1	※セキ	H 28. 1.25	ヒネ		
クハ 117-4 （※ 304）	S 55. 1.22	近 車	ミハ	H 18. 6.19	※キト				
クハ 117-5 （※ 305）	S 55. 2. 5	近 車	ミハ	H 18. 5.22	※キト				
クハ 117-6 （※ 306）	S 55. 2. 5	近 車	ミハ	H 18. 5.22	※キト				
クハ 117-7 （※ 307）	S 55. 2.26	川 重	ミハ	H 18. 6.19	※キト				
クハ 117-8 （※ 308）	S 55. 3.13	近 車	ミハ	H 14. 4. 3	※ヒネ	H 14.11. 2	※ワカ	H 20. 7. 1	※ヒネ
クハ 117-9	S 55. 4.22	日 車	ミハ	H 4. 4. 1	オカ				
クハ 117-10 （※ 310）	S 55. 4.22	日 車	ミハ	H 18. 5.22	※キト				
クハ 117-11	S 55. 7. 8	日 車	ミハ	H 4. 4. 7	オカ				
クハ 117-12	S 55. 7. 8	日 車	ミハ	H 14. 4. 3	ヒネ	H 14.11. 2	ワカ	H 20. 7. 1	ヒネ
クハ 117-13	S 55. 4. 8	川 重	ミハ	H 4. 4. 1	オカ				
クハ 117-14	S 55. 4. 8	川 重	ミハ	H 14. 4. 3	ヒネ	H 14.11. 2	ワカ	H 20. 7. 1	ヒネ
クハ 117-15	S 55. 6. 3	川 重	ミハ	H 4. 4.25	オカ				
クハ 117-16	S 55. 6. 8	川 重	ミハ	H 18. 5.22	キト				
クハ 117-17	S 55. 6.17	川 重	ミハ	H 4. 7.15	オカ				
クハ 117-18 （※ 318）	S 55. 6.17	川 重	ミハ	H 12. 3. 7	※ヒネ	H 12.11. 2	※ワカ	H 20. 7. 1	※ヒネ
クハ 117-19	S 55. 5.14	近 車	ミハ	H 4. 5. 1	オカ				
クハ 117-20 （※ 320）	S 55. 5.14	近 車	ミハ	H 12. 3.10	※ヒネ	H 12.11. 2	※ワカ	H 20. 7. 1	※ヒネ
クハ 117-21 （※ 321）	S 55. 7.15	近 車	ミハ	H 18. 6.19	※キト				
クハ 117-22	S 57. 1.12	日 車	カキ	S 61.11. 1	シン	H 1. 3.11	カキ		
クハ 117-23	S 57. 1.29	川 重	カキ	S 61.11. 1	シン	H 1. 3.11	カキ		
クハ 117-24	S 57. 3.19	川 重	カキ	S 61.11. 1	シン	H 1. 3.11	カキ		
クハ 117-25	S 57. 3.26	日 車	カキ	S 61.11. 1	シン	H 1. 3.11	カキ		
クハ 117-26	S 57. 3.18	日 車	カキ	S 61.11. 1	シン	H 1. 3.11	カキ		
クハ 117-27	S 57. 4.28	日 車	カキ	S 61.11. 1	シン	H 1. 3.11	カキ		
クハ 117-28	S 57. 4.28	日 車	カキ	S 61.11. 1	シン	H 1. 3.11	カキ		
クハ 117-29	S 57. 5.14	川 重	カキ	S 61.11. 1	シン	H 1. 3.11	カキ		
クハ 117-30	S 57. 5.12	近 車	カキ	S 61.11. 1	シン	H 1. 3.11	カキ		
クハ 117-101	S 61. 8.26	近 車	ミハ	H 19.12. 1	セキ	H 27. 8.12	オカ		
クハ 117-102	S 61. 9. 6	東 急	ミハ	H 19.12. 1	セキ	H 27. 8.30	オカ		
クハ 117-103	S 61. 9. 9	川 重	ミハ	H 19.12. 1	セキ	H 27.10. 6	オカ		
クハ 117-104	S 61.10. 6	日 車	シン	H 1. 3.11	カキ				
クハ 117-105	S 61.10. 6	日 車	シン	H 1. 3.11	カキ				
クハ 117-106	S 61.10. 6	日 車	シン	H 1. 3.11	カキ				
クハ 117-107	S 61.10.16	日 車	シン	H 1. 3.11	カキ				
クハ 117-108	S 61.10.16	日 車	シン	H 1. 3.11	カキ				
クハ 117-109	S 61.10.16	日 車	シン	H 1. 3.11	カキ				
クハ 117-110	S 61.10.27	日 車	シン	H 1. 3.11	カキ				
クハ 117-111	S 61.10.27	日 車	シン	H 1. 3.11	カキ				
クハ 117-112	S 61.10.27	日 車	シン	H 1. 3.11	カキ				

JR東海の117系は昭和61年11月1日の国鉄最後のダイヤ改正で4両編成化され、ラッシュ時には4+4の8連運用もあった。東海道本線 岐阜－木曽川間 平成22年3月17日

記　　事	JR	現在配置	改造日	改造内容	廃車日
	西	キト	H 11.12. 3	トイレ新設	
	西	廃車	H 4. 8.20	クハ117-302へ改造	H 28. 1.18
	西	廃車	H 4. 5. 1	クハ117-303へ改造	H 28. 2.10
	西	キト	H 4. 9.18	クハ117-304へ改造	
	西	キト	H 5. 2.16	クハ117-305へ改造	
	西	キト	H 4.11.28	クハ117-306へ改造	
	西	キト	H 4. 3.11	クハ117-307へ改造	
H 13.12.10　ワンマン化	西	ヒネ	H 4.10.23	クハ117-308へ改造	
H 11.11.24　ワンマン化	西	廃車			H 27. 9.14
	西	キト	H 4. 6. 5	クハ117-310へ改造	
H 11. 9.30　ワンマン化	西	廃車			H 27. 9. 9
H 14. 1.24	西	ヒネ			
H 11. 9.27　ワンマン化	西	廃車			H 27.10.13
H 14. 2.18	西	ヒネ			
H 11.10.13　ワンマン化	西	オカ	H 28. 3.29	冷房装置をWAU709A形に交換	
	西	キト	H 12. 1.28	トイレ新設	
H 11.10.26　ワンマン化	西	オカ	H 27. 3.24	冷房装置をWAU709A形に交換	
H 14. 1. 9	西	ヒネ	H 9. 1.31	クハ117-318へ改造	
H 11.11. 9　ワンマン化	西	オカ	H 28. 3.19	冷房装置をWAU709A形に交換	
H 14. 1.31　ワンマン化	西	ヒネ	H 9. 3. 5	クハ117-320へ改造	
	西	キト	H 4.12.28	クハ117-321へ改造	
	海	廃車			H 25. 1. 2
	海	廃車	H 22. 7.22　H 23. 3	「トレイン117」対応改造（旧）　一般車に復元（注2）	H 25.12.30
	海	廃車			H 25.12.27
	海	廃車	H 21. 8.26	国鉄"新快速色"に塗装変更	H 25.12.30
	海	廃車			H 25.12.27
	海	廃車			H 25.12.27
	海	廃車	H 23. 3	「トレイン117」対応改造（新）	H 25.12.27
	海	廃車	H 4. 3.18	車端部ロングシート化	H 23. 1.11
H 23. 3.14　「リニア・鉄道館」で保存（注1）	海	廃車			H 22.12.17
H 27. 8.10　ワンマン化	西	オカ	H 27. 8.10	冷房装置をWAU709A形に交換	
H 27. 8.28　ワンマン化	西	オカ	H 27. 8.28	冷房装置をWAU709A形に交換	
H 27.10. 5　ワンマン化	西	オカ	H 27.10. 5	冷房装置をWAU709A形に交換	
	海	廃車			H 25.12.27
	海	廃車			H 22.11.24
	海	廃車			H 22.11.29
	海	廃車			H 25. 1. 2
	海	廃車			H 25.12.27
	海	廃車			H 25.12.27
	海	廃車			H 23. 1.15
	海	廃車			H 25.12.30
	海	廃車	H 4. 2.22	車端部ロングシート化	H 25.12.30

（注1）クハ117-30は国鉄"新快速色"で「リニア・鉄道館」にH22.11に搬入　（注2）クハ117-23はH23.3に一般車に復元改造

クハ116形

形式・車号	新製日	製作所	配置	転属日・転属先		転属日・転属先		転属日・転属先	
クハ116-1	S 54. 9.12	川 重	ミハ	H 18. 5.22	キト				
クハ116-2 (※302)	S 55. 1.29	川 重	ミハ	H 19.12. 1	※セキ	H 27.11.27	ヒネ		
クハ116-3 (※303)	S 55. 1.29	川 重	ミハ	H 19.12. 1	※セキ	H 28. 1.25	ヒネ		
クハ116-4 (※304)	S 55. 1.22	近 車	ミハ	H 18. 6.19	※キト				
クハ116-5 (※305)	S 55. 2. 5	近 車	ミハ	H 18. 5.22	※キト				
クハ116-6 (※306)	S 55. 2. 5	近 車	ミハ	H 18. 5.22	※キト				
クハ116-7 (※307)	S 55. 2.26	川 重	ミハ	H 18. 6.19	※キト				
クハ116-8 (※308)	S 55. 3.13	近 車	ミハ	H 14. 4. 3	※ヒネ	H 14.11. 2	※ワカ	H 20. 7. 1	※ヒネ
クハ116-9	S 55. 4.22	日 車	ミハ	H 4. 4. 1	オカ				
クハ116-10 (※310)	S 55. 4.22	日 車	ミハ	H 18. 5.22	※キト				
クハ116-11	S 55. 7. 8	日 車	ミハ	H 4. 7. 7	オカ				
クハ116-12	S 55. 7. 8	日 車	ミハ	H 14. 4. 3	ヒネ	H 14.11. 2	ワカ	H 20. 7. 1	ヒネ
クハ116-13	S 55. 4. 8	川 重	ミハ	H 18. 5.22	キト				
クハ116-14	S 55. 4. 8	川 重	ミハ	H 14. 4. 3	ヒネ	H 14.11. 2	ワカ	H 20. 7. 1	ヒネ
クハ116-15	S 55. 6. 3	川 重	ミハ	H 4. 4.25	オカ				
クハ116-16	S 55. 6. 8	川 重	ミハ	H 18. 5.22	キト				
クハ116-17	S 55. 6.17	川 重	ミハ	H 4. 7.15	オカ				
クハ116-18 (※318)	S 55. 6.17	川 重	ミハ	H 12. 3. 7	※ヒネ	H 14.11. 2	※ワカ	H 20. 7. 1	※ヒネ
クハ116-19	S 55. 5.14	近 車	ミハ	H 4. 5. 1	オカ				
クハ116-20 (※320)	S 55. 5.14	近 車	ミハ	H 12. 3.10	※ヒネ	H 14.11. 2	※ワカ	H 20. 7. 1	※ヒネ
クハ116-21 (※321)	S 55. 7.15	近 車	ミハ	H 18. 6.19	※キト				
クハ116-22	S 57. 1.12	日 車	カキ	S 61.11. 1	シン	H 1. 3.11	カキ		
クハ116-23	S 57. 1.29	川 重	カキ	S 61.11. 1	シン	H 1. 3.11	カキ		
クハ116-24	S 57. 3.19	川 重	カキ	S 61.11. 1	シン	H 1. 3.11	カキ		
クハ116-25	S 57. 3.26	日 車	カキ	S 61.11. 1	シン	H 1. 3.11	カキ		
クハ116-26	S 57. 3.18	日 車	カキ	S 61.11. 1	シン	H 1. 3.11	カキ		
クハ116-27	S 57. 4.28	日 車	カキ	S 61.11. 1	シン	H 1. 3.11	カキ		
クハ116-28	S 57. 4.28	日 車	カキ	S 61.11. 1	シン	H 1. 3.11	カキ		
クハ116-29	S 57. 5.14	川 重	カキ	S 61.11. 1	シン	H 1. 3.11	カキ		
クハ116-30	S 57. 5.12	近 車	カキ	S 61.11. 1	シン	H 1. 3.11	カキ		
クハ116-101	S 61. 8.26	近 車	ミハ	H 19.12. 1	セキ	H 27. 8.12	オカ		
クハ116-102	S 61. 9. 9	東 急	ミハ	H 19.12. 1	セキ	H 27. 8.30	オカ		
クハ116-103	S 61. 9. 9	川 重	ミハ	H 19.12. 1	セキ	H 27.10. 6	オカ		
クハ116-201	S 61.10. 6	日 車	シン	H 1. 3.11	カキ				
クハ116-202	S 61.10. 6	日 車	シン	H 1. 3.11	カキ				
クハ116-203	S 61.10. 6	日 車	シン	H 1. 3.11	カキ				
クハ116-204	S 61.10.16	日 車	シン	H 1. 3.11	カキ				
クハ116-205	S 61.10.16	日 車	シン	H 1. 3.11	カキ				
クハ116-206	S 61.10.16	日 車	シン	H 1. 3.11	カキ				
クハ116-207	S 61.10.27	日 車	シン	H 1. 3.11	カキ				
クハ116-208	S 61.10.27	日 車	シン	H 1. 3.11	カキ				
クハ116-209	S 61.10.27	日 車	シン	H 1. 3.11	カキ				

モハ117形+モハ116形

形式・車号	新製日	製作所	配置	転属日・転属先		転属日・転属先		転属日・転属先	
モハ117+モハ116-1	S 54. 9.12	川 重	ミハ	H 18. 5.22	キト				
モハ117+モハ116-2	S 54. 9.12	川 重	ミハ	H 18. 5.22	キト				
モハ117+モハ116-3 (※303▲)	S 55. 1.29	川 重	ミハ	H 13. 4.23	▲ヒロ	H 15. 3.15	▲セキ		
モハ117+モハ116-4 (※304)	S 55. 1.29	川 重	ミハ	H 18. 6.19	※キト				
モハ117+モハ116-5 (※305)	S 55. 1.29	川 重	ミハ	H 12. 3. 7	※ヒネ	H 14.11. 2	※ワカ	H 20. 7. 1	※ヒネ
モハ117+モハ116-6 (※306)	S 55. 1.29	川 重	ミハ	H 18. 5.22	※キト				
モハ117+モハ116-7 (※307)	S 55. 1.22	近 車	ミハ	H 18. 6.19	※キト				
モハ117+モハ116-8 (※308)	S 55. 1.22	近 車	ミハ	H 18. 6.19	※キト				
モハ117+モハ116-9 (※309)	S 55. 2. 5	近 車	ミハ	H 18. 5.22	※キト				
モハ117+モハ116-10 (※310)	S 55. 2. 5	近 車	ミハ	H 18. 6.19	※キト				
モハ117+モハ116-11 (※311)	S 55. 2. 5	近 車	ミハ	H 19.12. 1	※セキ	H 27.11.27	ヒネ		

記　　　事	JR	現在配置	改造日	改　造　内　容	廃車日
	西	キト			
	西	廃車	H 4. 8.20	クハ116-302へ改造	H 28. 1.18
	西	廃車	H 4. 5. 1	クハ116-303へ改造	H 28. 2.10
	西	キト	H 4. 9.18	クハ116-304へ改造	
	西	キト	H 5. 2.16	クハ116-305へ改造	
	西	キト	H 4.11.28	クハ116-306へ改造	
	西	キト	H 4. 3. 1	クハ116-307へ改造	
H 13.12.10　ワンマン化	西	ヒネ	H 4.10.23	クハ116-308へ改造	
H 11.11.24　ワンマン化	西	廃車			H 27. 9.14
	西	キト	H 4. 6. 5	クハ116-310へ改造	
H 11. 9.30　ワンマン化	西	廃車			H 27. 9. 9
H 14. 1.24　ワンマン化	西	ヒネ			
H 11. 9.27　ワンマン化	西	廃車			H 27.10.13
H 14. 2.18　ワンマン化	西	ヒネ			
H 11.10.13　ワンマン化	西	オカ	H 28. 3. 9	冷房装置をWAU709A形に交換	
	西	キト			
H 11.10.26　ワンマン化	西	オカ	H 27. 3.24	冷房装置をWAU709A形に交換	
H 14. 1. 9　ワンマン化	西	ヒネ	H 9. 1.31	クハ116-318へ改造	
H 11.11. 9　ワンマン化	西	オカ	H 28. 3.19	冷房装置をWAU709A形に交換	
H 14. 1.31　ワンマン化	西	ヒネ	H 9. 3. 5	クハ116-320へ改造	
	西	キト	H 4.12.28	クハ116-321へ改造	
	海	廃車			H 22.11.27
	海	廃車			H 22.12. 1
	海	廃車			H 25.12.30
	海	廃車			H 25. 1. 2
	海	廃車			H 25.12.27
	海	廃車			H 26. 1.27
	海	廃車			H 25.12.30
	海	廃車			H 23. 1.19
	海	廃車	H 4. 2.22	車端部ロングシート化	H 25.12.27
H 27. 8.10　ワンマン化	西	オカ	H 27. 8.10	冷房装置をWAU709A形に交換	
H 27. 8.28　ワンマン化	西	オカ	H 27. 8.28	冷房装置をWAU709A形に交換	
H 27.10. 5　ワンマン化	西	オカ	H 27.10. 5	冷房装置をWAU709A形に交換	
	海	廃車	H 4. 3.18	車端部ロングシート化	H 23. 1.14
	海	廃車			H 25. 1. 2
	海	廃車	H 22. 7.22 H 23. 3	「トレイン117」対応改造（旧） 一般車に復元（注2）	H 25.12.27
	海	廃車			H 25.12.30
	海	廃車			H 25.12.30
	海	廃車	H 21. 8.26	国鉄"新快速色"に塗装変更	H 25.12.30
	海	廃車	H 23. 3	「トレイン117」対応改造（新）	H 26. 1.27
	海	廃車			H 25.12.27
H 23. 3.14「リニア・鉄道館」で保存（注1）	海	廃車			H 22.12.17

（注1）クハ116-209は国鉄"新快速色"で「リニア・鉄道館」にH22.10に搬入　（注2）クハ116-203はH23.3に一般車に復元改造

記　　　事	JR	現在配置	改造日	改　造　内　容	廃車日
	西	キト	H 22. 2.16	モハ116-1にトイレ新設	
	西	キト	H 22. 2.16	モハ116-2にトイレ新設	
H13. 4.23　▲3512へ　◎H18. 7.14	西	▲セキ	H 4. 8.20	モハ117＋モハ116-303へ改造→▲	
H12. 8. 5　モハ117形に霜取りパンタグラフ増設	西	キト	H 4. 8.20	モハ117＋モハ116-304へ改造	
	西	キト	H 4. 5. 1	モハ117＋モハ116-305へ改造	
H12. 8. 5　モハ117形に霜取りパンタグラフ増設	西	キト	H 4. 5. 1	モハ117＋モハ116-306へ改造	
	西	キト	H 4. 9.18	モハ117＋モハ116-307へ改造	
	西	キト	H 4. 9.18	モハ117＋モハ116-308へ改造	
	西	キト	H 7. 2.16	モハ117＋モハ116-309へ改造	
	西	キト	H 7. 2.16	モハ117＋モハ116-310へ改造	
	西	ヒネ	H 4.11.28	モハ117＋モハ116-311へ改造	

モハ117形＋モハ116形

形式・車号	新製日	製作所	配置	転属日・転属先		転属日・転属先		転属日・転属先	
モハ117＋モハ116-12（※312）	S 55. 2. 5	近　車	ミハ	H 19.12. 1	※セキ	H 28. 1.25	ヒネ		
モハ117＋モハ116-13（※313）	S 55. 2.26	川　重	ミハ	H 18. 6.19	※キト				
モハ117＋モハ116-14（※314）	S 55. 2.26	川　重	ミハ	H 18. 6.19	※キト				
モハ117＋モハ116-15（※315▲）	S 55. 3.13	近　車	ミハ	H 13.12.21	▲ヒロ	H 15. 3.15	▲セキ		
モハ117＋モハ116-16（※316▲）	S 55. 3.13	近　車	ミハ	H 13.12.21	▲ヒロ	H 15. 3.15	▲セキ		
モハ117＋モハ116-17（▲3501）	S 55. 4.22	日　車	ミハ	H 4. 2.27	▲オカ				
モハ117＋モハ116-18	S 55. 4.22	日　車	ミハ	H 4. 4. 1	オカ				
モハ117＋モハ116-19（※319）	S 55. 4.22	日　車	ミハ	H 18. 5.22	※キト				
モハ117＋モハ116-20（※320）	S 55. 4.22	日　車	ミハ	H 18. 5.22	※キト				
モハ117＋モハ116-21（▲3502）	S 55. 7. 8	日　車	ミハ	H 4. 7.24	▲ヒロ	H 15. 3.15	▲セキ		
モハ117＋モハ116-22	S 55. 7. 8	日　車	ミハ	H 4. 7. 7	オカ				
モハ117＋モハ116-23（▲3503）	S 55. 7. 8	日　車	ミハ	H 4. 7.24	▲ヒロ	H 15. 3.15	▲セキ		
モハ117＋モハ116-24	S 55. 7. 8	日　車	ミハ	H 14. 4. 3	ヒネ	H 14.11. 2	ワカ	H 20. 7. 1	ヒネ
モハ117＋モハ116-25（▲3504）	S 55. 4. 8	川　重	ミハ	H 4. 5.26	▲オカ				
モハ117＋モハ116-26	S 55. 4. 8	川　重	ミハ	H 4. 5. 3	オカ				
モハ117＋モハ116-27（▲3505）	S 55. 4. 8	川　重	ミハ	H 4. 5.26	▲オカ				
モハ117＋モハ116-28	S 55. 4. 8	川　重	ミハ	H 4. 4. 3	ヒネ	H 14.11. 2	ワカ	H 20. 7. 1	ヒネ
モハ117＋モハ116-29（▲3506）	S 55. 6. 3	川　重	ミハ	H 4. 5.15	▲オカ				
モハ117＋モハ116-30	S 55. 6. 3	川　重	ミハ	H 4. 4.25	オカ				
モハ117＋モハ116-31（▲3507）	S 55. 6. 3	川　重	ミハ	H 4. 5.15	▲オカ				
モハ117＋モハ116-32	S 55. 6. 3	川　重	ミハ	H 18. 5.22	キト				
モハ117＋モハ116-33（▲3508）	S 55. 6.17	川　重	ミハ	H 4. 7.29	▲ヒロ	H 15. 3.15	▲セキ		
モハ117＋モハ116-34	S 55. 6.17	川　重	ミハ	H 4. 7.15	オカ				
モハ117＋モハ116-35（▲3509）	S 55. 6.17	川　重	ミハ	H 4. 9. 9	▲ヒロ	H 15. 3.15	▲セキ		
モハ117＋モハ116-36	S 55. 6.17	川　重	ミハ	H 18. 5.22	キト				
モハ117＋モハ116-37（▲3510）	S 55. 5.14	近　車	ミハ	H 4. 5.20	▲オカ				
モハ117＋モハ116-38	S 55. 5.14	近　車	ミハ	H 4. 5. 1	オカ				
モハ117＋モハ116-39（▲3511）	S 55. 5.14	近　車	ミハ	H 4. 5.20	▲オカ				
モハ117＋モハ116-40	S 55. 5.14	近　車	ミハ	H 14. 4. 3	ヒネ	H 14.11. 2	ワカ	H 20. 7. 1	ヒネ
モハ117＋モハ116-41（※341）	S 55. 7.15	近　車	ミハ	H 12. 3.10	※ヒネ	H 14.11. 2	※ワカ	H 20. 7. 1	※ヒネ
モハ117＋モハ116-42（※342）	S 55. 7.15	近　車	ミハ						
モハ117＋モハ116-43	S 57. 1.12	日　車	カキ	S 61.11. 1	シン	H 1. 3.11	カキ		
モハ117＋モハ116-44	S 57. 1.12	日　車	カキ	S 61.11. 1	シン	H 1. 3.11	カキ		
モハ117＋モハ116-45	S 57. 1.29	川　重	カキ	S 61.11. 1	シン	H 1. 3.11	カキ		
モハ117＋モハ116-46	S 57. 1.29	川　重	カキ	S 61.11. 1	シン	H 1. 3.11	カキ		
モハ117＋モハ116-47	S 57. 3.19	川　重	カキ	S 61.11. 1	シン	H 1. 3.11	カキ		
モハ117＋モハ116-48	S 57. 3.19	川　重	カキ	S 61.11. 1	シン	H 1. 3.11	カキ		
モハ117＋モハ116-49	S 57. 3.26	川　重	カキ	S 61.11. 1	シン	H 1. 3.11	カキ		
モハ117＋モハ116-50	S 57. 3.26	川　重	カキ	S 61.11. 1	シン	H 1. 3.11	カキ		
モハ117＋モハ116-51	S 57. 3.18	日　車	カキ	S 61.11. 1	シン	H 1. 3.11	カキ		
モハ117＋モハ116-52	S 57. 3.18	日　車	カキ	S 61.11. 1	シン	H 1. 3.11	カキ		
モハ117＋モハ116-53	S 57. 4.28	日　車	カキ	S 61.11. 1	シン	H 1. 3.11	カキ		
モハ117＋モハ116-54	S 57. 4.28	日　車	カキ	S 61.11. 1	シン	H 1. 3.11	カキ		
モハ117＋モハ116-55	S 57. 4.28	日　車	カキ	S 61.11. 1	シン	H 1. 3.11	カキ		
モハ117＋モハ116-56	S 57. 4.28	日　車	カキ	S 61.11. 1	シン	H 1. 3.11	カキ		
モハ117＋モハ116-57	S 57. 5.14	日　車	カキ	S 61.11. 1	シン	H 1. 3.11	カキ		
モハ117＋モハ116-58	S 57. 5.14	川　重	カキ	S 61.11. 1	シン	H 1. 3.11	カキ		
モハ117＋モハ116-59	S 57. 5.12	近　車	カキ	S 61.11. 1	シン	H 1. 3.11	カキ		
モハ117＋モハ116-60	S 57. 5.12	近　車	カキ	S 61.11. 1	シン	H 1. 3.11	カキ		
モハ117＋モハ116-101	S 61. 8.16	近　車	ミハ	H 19.12. 1	セキ	H 27. 8.12	オカ		
モハ117＋モハ116-102	S 61. 8.16	近　車	ミハ	H 18. 5.22	キト				
モハ117＋モハ116-103	S 61. 9. 6	東　急	ミハ	H 19.12. 1	セキ	H 27. 8.30	オカ		
モハ117＋モハ116-104	S 61. 9. 6	東　急	ミハ	H 18. 6.19	キト				
モハ117＋モハ116-105	S 61. 9. 8	川　重	ミハ	H 19.12. 1	セキ	H 27.10. 6	オカ		
モハ117＋モハ116-106	S 61. 9. 8	川　重	ミハ	H 18. 5.22	キト				

◎115系3500番台は平成17年度〜21年度に体質改善工事(30N)を施工し、その際、新鮮外気導入装置を撤去した。(交)は体質改善工事とは別に冷房装置をAU75BからAU75Cに交換した日付

記　　　　　事	JR	現在配置	改造日	改　造　内　容	廃車日
	西	ヒネ	H 4.11.28	モハ117＋モハ116-312へ改造	
	西	キト	H 4. 3.11	モハ117＋モハ116-313へ改造	
	西	キト	H 4. 3.11	モハ117＋モハ116-314へ改造	
H13.12.21　▲3513へ　◎H18.9.5　(交) H14.11.7	西	▲セキ	H 4.10.23	モハ117＋モハ116-315へ改造→▲	
H13.12.21　▲3514へ　◎H18.3.27　(交) H14.6.11	西	▲セキ	H 4.10.23	モハ117＋モハ116-316へ改造→▲	
◎ H 21. 5.20	西	▲廃車	H 4. 2.27	モハ115＋モハ114-3501へ改造　▲	H 28. 3. 3
	西	廃車			H 27. 9.14
	西	キト	H 4. 6. 5	モハ117＋モハ116-319へ改造	
	西	キト	H 4. 6. 5	モハ117＋モハ116-320へ改造	
◎ H 19. 1.11	西	▲セキ	H 4. 7.24	モハ115＋モハ114-3502へ改造　▲	
	西	廃車			H 27. 9. 9
◎ H 17. 1.14	西	▲セキ	H 4. 7.24	モハ115＋モハ114-3503へ改造　▲	
	西	廃車			H 28. 2.15
◎ H 19. 3.29	西	▲廃車	H 4. 5.26	モハ115＋モハ114-3504へ改造　▲	H 27. 4.30
	西	廃車			H 27.10.13
◎ H 19. 1.16	西	▲廃車	H 4. 5.26	モハ115＋モハ114-3505へ改造　▲	H 27.12.25
	西	廃車			H 28. 1.18
◎ H 17. 8.24	西	▲オカ	H 4. 5.15	モハ115＋モハ114-3506へ改造　▲	
	西	オカ	H 28. 3.29	冷房装置をWAU709A形に交換	
◎ H 17.11.21　(交) H 17.11.21	西	▲廃車	H 4. 5.15	モハ115＋モハ114-3507へ改造　▲	H 27.12.25
	西	キト	H 21.11.10	モハ116-32にトイレ新設	
◎ H 18. 1.20	西	▲セキ	H 4. 7.29	モハ115＋モハ114-3508へ改造　▲	
	西	オカ	H 27. 3.24	冷房装置をWAU709A形に交換	
◎ H 20.11. 5	西	▲セキ	H 4. 9. 9	モハ115＋モハ114-3509へ改造　▲	
	西	キト	H 21.11.10	モハ116-36にトイレ新設	
◎ H 17. 5.23　(交) H 20. 6. 9	西	▲廃車	H 4. 5.20	モハ115＋モハ114-3510へ改造　▲	H 27. 6. 5
	西	オカ	H 28. 3.19	冷房装置をWAU709A形に交換	
◎ H 18. 5. 2　(交) H 20.12.19	西	▲廃車	H 4. 5.20	モハ115＋モハ114-3511へ改造　▲	H 27. 5.15
	西	ヒネ			
H 12.11.28　パンタグラフ増設	西	ヒネ	H 4.12.28	モハ117＋モハ116-341へ改造	
	西	キト	H 4.12.28	モハ117＋モハ116-342へ改造	
	海	廃車			H 25. 1. 2
	海	廃車			H 22.11.25
	海	廃車	H 22. 7.22	「トレイン117」対応改造 モハ116はフリースペース化	H 25.12.27
	海	廃車			H 22.11.30
	海	廃車			H 25.12.27
	海	廃車	H 21. 8.26	国鉄"新快速色"に塗装変更	H 25.12.30
	海	廃車			H 25.12.27
	海	廃車			H 25.12.30
	海	廃車			H 15. 1. 2
	海	廃車			H 25.12.27
	海	廃車			H 25.12.27
	海	廃車			H 25.12.30
	海	廃車			H 25.12.30
	海	廃車			H 23. 1.12
	海	廃車			H 23. 1.17
H 23. 3.14 「リニア・鉄道館」で保存 (注1)	海	廃車			H 22.12.17
	海	廃車			H 25.12.30
	西	オカ	H 27. 8.10	冷房装置をWAU709A形に交換	
	西	キト	H 11. 8.11	パンタグラフ増設	
	西	オカ	H 27. 8.28	冷房装置をWAU709A形に交換	
	西	キト	H 11.11.15	パンタグラフ増設	
	西	オカ	H 27.10. 5	冷房装置をWAU709A形に交換	
	西	キト	H 12. 1.28	パンタグラフ増設	

(注1) モハ117-59は国鉄"新快速色"で「リニア・鉄道館」にH22.11に搬入

●本表は117系電車、全車両の履歴です。一部ロングシート化された300番台、115系3500番台に改造された仲間の情報も一部掲載しました。慎重に調査しましたが、誤りがありましたらご指摘ご指導をお願いいたします。

117系最後の勇姿

　JR西日本に継承された"本家"117系は平成28年(2016)9月末現在、脇役ながらも京都・和歌山・岡山地区に健在。京都地区配置車(近キト)は湖西線(永原まで)・草津線で使用され、直通運転の関係から京都-山科(湖西線)・草津(草津線)間で東海道本線を走行するシーンが見られる。和歌山地区配置車(近ヒネ・新在家派出所駐在)は、和歌山線のほか、ごくわずかだが紀勢本線の和歌山-紀伊田辺辺りに運用が残る。岡山地区配置車(岡オカ)は山陽本線の岡山-三原間、赤穂線の播州赤穂-岡山間で活躍中だ。
　いずれも地域別車体塗装1色化が進み、旧"新快速色"が激減したのは残念だ。でも、本線を走る勇姿が見られるのはせめてもの慰めだろう。このうち岡山地区では、快速「サンライナー」をメインに普通電車にも活躍し、平日の朝には4両編成を2本連結した8連運用が下り2本(5705M・403M)・上り1本(2722M)ある。中でもその上り1本は快速「サンライナー」で、117系最後(?)の花形仕業となっている。

岡山地区の快速「サンライナー」2722Mに活躍する117系8連。117系最後(?)の花形仕業かもしれない。山陽本線 鴨方-金光間　平成28年8月30日

117系がベースの特急形185系

　首都圏の東海道本線や伊東線などで特急「踊り子」をメインに、ホームライナーの「湘南ライナー」や臨時列車などに活躍を続ける特急形185系。昭和56年(1981)、東海道本線は東京口の急行「伊豆」や普通に活躍してきた153系の置き換え用として登場した。翌57年(1982)には東北本線・高崎線の上野口で急行・普通に使用されてきた165系電車の置き換え用に、耐寒耐雪装備などを施した185系200番台も登場した。
　いずれも急行および普通に使用できる汎用車で、急行の特急格上げにも対応可能な車内設備とした。基本構造は「関西新快速」用の117系がベースだが、2扉デッキ付きで側扉は片開きの幅1000㎜。車体塗色も東海道本線用は、クリーム10号の地色に緑14号の帯を、3種の幅で斜めストライプに配すなど、従来の国鉄の概念を破る斬新なデザインとした。だが、先頭車の顔は117系に類似し、普通車の座席は117系とほぼ同じ転換クロスシート。座れば117系の感覚で、急行～特急として運用されれば料金を必要とした。
　こうしてみると、地域事情の

ベースは117系だが、前面帯板中央部に特急形のシンボルマーク、側面運転室小窓下部にはJNRの切り抜き文字を取り付け、車体塗色は斬新なストライプの帯できめるなど、特急車の風格を醸し出した185系。東神奈川付近　昭和62年1月1日　写真：塚本雅啓

違いとはいえ終日料金不要で乗れる117系は、国鉄が清水の舞台から飛び降りたつもりで放った"超目玉商品"だったのである。

臨時列車化された大垣夜行、快速「ムーンライトながら」にも平成25年12月から185系が投入され、名古屋地区でもその姿が見られるようになった。座席は民営化後リクライニングシートに交換。木曽川-岐阜間　平成27年8月12日

伊勢路で頑張る韋駄天列車
快速「みえ」ど根性物語

　三重県の伊勢湾岸沿いには四日市、津、松阪、伊勢、鳥羽などの産業、観光都市が点在。これらの都市と対名古屋とのパイプ役は近鉄が主導権を握っている。高速道路の整備も進み、単線・非電化区間が残るJRは、ライバルとのハードルが高そうに見える。

　しかし、JR東海は厳しさの中でも鉄道の活性化を模索。対名古屋はもちろん、東海道新幹線の「のぞみ」とリレーし、首都圏への時間距離短縮を図るため、名古屋と鳥羽を結ぶ気動車快速「みえ」を運転。関西本線、伊勢鉄道、紀勢本線、参宮線を亜幹線の特急並みのスピードで飛ばし、健闘を続けている。

　セールスポイントは、新幹線連絡の快速で「安い、速い、便利」。安い＝快速だから特急料金は不要。速い＝最高時速120km、所要時間は近鉄特急と遜色なし。便利＝名古屋発は毎時1本。新幹線に一番近い12・13番ホームに発着し、指定席もあり、新幹線から乗り換えても着席を保証！

　車両は現在、特急並みの車内設備を誇る

快速「みえ」はキハ58系のリニューアル車を投入。ヘッドマークも掲出し伊勢路を快走した。2両編成で登場し、当初は松阪方にキハ65形、名古屋方にキハ58形を連結。伊勢鉄道 玉垣ー鈴鹿サーキット稲生間　平成2年3月17日

名古屋駅で挙行された快速「みえ」の発車式。平成2年3月10日

キハ75形を使用。固定客もつき、頑張る列車を応援する人たちも増えた。近鉄の牙城、三重に挑む快速「みえ」のメモリアルと、JR東海が放った営業施策の"ど根性"を振り返ってみよう。

129

試行的に臨時列車として運転された「ホームライナーみえ」。80系気動車で運転。名古屋　昭和63年7月25日

「ホームライナーみえ」は名古屋駅発22時02分だった。昭和63年7月25日

「ホームライナーみえ」でテストラン

　国鉄も戦前、戦後は伊勢路にＳＬ（蒸気機関車）牽引の快速列車を運転していた。その魅力は、名古屋から伊勢市・鳥羽まで乗り換えなしで行けることだった。しかし、昭和34年(1959)11月27日に近鉄名古屋線の標準軌化が完成すると、伊勢中川での乗り換えが解消、近畿日本名古屋（現：近鉄名古屋）－宇治山田間には直通特急が走るようになった。鉄道利用客の多くは近鉄に流れ、国鉄は昭和41年(1966)3月10日改正で快速を廃止。代わって気動車急行「いすず」を2往復新設し、うち1往復は岐阜発着とし近鉄特急に対抗(？)した。だが、利便性が目玉の近鉄には歯が立たず、近鉄が"横綱相撲"を続けてきた。

　そうした中で民営化後、意欲満々のＪＲ東海は、元気のない三重県下の自社路線を活性化しようと種々施策を模索。新会社発足1年3ヵ月後の昭和63年(1988)7月1日には、試行的ながらも名古屋－伊勢市間に臨時列車「ホームライナーみえ」を新設した。

　特急「南紀」用キハ80系気動車の間合い運用で、下りは名古屋発22時02分・伊勢市着23時48分、上りは伊勢市発5時37分・名古屋着7時30分。変則ダイヤではあったが、伊勢方面から名古屋経由で新幹線を利用する用務・ビジネス客には便利で、「伊勢と首都圏をＪＲだけで結ぶ列車」とＰＲ、それなりの成果を得た。

　同列車は当初、昭和63年9月30日までの運転(下りは土曜、上りは日曜運休)としたが、ＰＲも兼ね下りは11月30日、上りは12月1日まで運転を継続した。

社運を賭けて快速「みえ」が発車

　「ホームライナーみえ」の実績を踏まえ、「近鉄特急に追いつけ追い越せ」を目標に平成2年(1990)3月10日、新幹線連絡で一部指定席の快速「みえ」が発車した。しかし、複線電化の近鉄に対し、ＪＲは単線・非電化区間がほとんど。第三セクターの伊勢鉄道を経由するため運賃も割高となり、関係者の戸惑いは隠せなかった。

　当初は名古屋－松阪間に9往復、昼間を中心に毎時1往復の設定で、名古屋発は9～15時台が毎時06分発、16・17時台は同00分発、繁忙期には2往復（名古屋発9・10時台）に鳥羽編成を増結。うち1往復は線路容量が限界のため、特急「南紀」1往復を快速に格下げ、和歌山県の紀伊勝浦までロングラン、快速サービスを三重県ほぼ全域に提供した。紀伊勝浦行きは名古屋発11時06分、熊野市以南は各駅停車、新宮以南は全車自由席とした。

　列車愛称は三重県下を走ることから「みえ」

名古屋駅12番線に到着したキハ58系快速「みえ」。平成2年3月10日

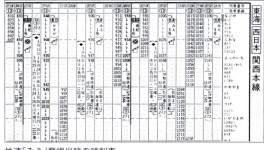

快速「みえ」登場当時の時刻表。名古屋－四日市間を見ると特急「南紀」より速い！『JTB時刻表』(日本交通公社刊) 1990年3月号から転載

快速が停車しない駅でもJR社員手作りのポスターで「みえ」の魅力をPR。八田駅からだと桑名乗り換えで利用できる。平成2年3月10日

登場当時の「みえ」は松阪までだったが、繁忙期の土休日には鳥羽編成を増結。増結車は国鉄急行色の一般車だった。
伊勢鉄道 河原田－鈴鹿間　平成2年3月17日

快速「みえ」が発着する名古屋駅12・13番線ホームは新幹線にも最も近い。後方に新幹線100系がチラリと見える。平成2年3月10日

と命名。標準停車駅は名古屋・桑名・四日市・津・松阪で、種別は快速でも実質は"特急"として売り出したのである。

　車両は高山本線の急行「のりくら」の特急格上げで余剰となった急行形を活用。キハ58形5両とキハ65形5両を改装し、車体塗色をアイボリーの地色にオレンジの帯を配した"東海快速色"に変更。キハ58形(名古屋方)＋キハ65形(松阪方)の2両編成5本を用意し、臨時列車や増結車、鳥羽編成などには国鉄色の既存車両を充当した。

苦肉の策は企画商品の割引切符

　当時のセールスポイントは「安い、速い、便利」。「みえ」は自由席だと普通運賃だけで乗れるが、伊勢鉄道を通るので併算運賃が適用され、四日市以遠だと近鉄より運賃は高くなる。しかし、特急料金が必要な近鉄特急と比較すれば、名古屋－松阪間だと2割以上安い。さらに苦肉の策としてお得な企画商品「みえ往復割引きっぷ」も設定、往復利用なら近鉄特急より約4割も安い勘定にした。

　ダイヤは単線区間が多く、運転停車もあって厳しい状況下だったが、最速列車は名古屋－松阪間を近鉄特急並みの約70分で走破。さらに新幹線連絡が目玉のため、名古屋駅は関西本線ホームの12・13番線に必ず発着。同ホームは新幹線から最も近く歩行距離も短い。この好条件を活かし、定期列車は毎時1往復、エル特急並みの運転本数を確保したのである。

苦肉のダイヤづくり

　快速「みえ」の設定に際しては、ダイヤをつくる"スジ屋"さんの腕の見せどころだった。名古屋-松阪間85.5km（伊勢鉄道経由）は単線区間が約8割を占め、名古屋-四日市間では普通電車が毎時2往復、JR貨物の貨物列車も毎時1～2往復走っている。「みえ」のスジを入れれば、どこかでほかの列車にあたってしまうが、ディーゼル機関車（DD51形）牽引の貨物列車も可能な限りスピードアップさせ、交換可能駅では待避線へ逃し、関西本線は「みえ」を主体とするダイヤに編成された。

　一方、「みえ」のスピードは当時、80系気動車が健闘した特急「南紀」よりも速く、名古屋-松阪間の最速所要時間は72分。「南紀」の最速所要時分は76分で「みえ」より4分遅かった。停車駅も「南紀」は伊勢鉄道の鈴鹿に全列車停車したが、「みえ」は全列車通過（のち一部→全列車停車）。特急より速い快速が誕生したのである。

私鉄王・近鉄も
「みえ」が気になった？

　快速「みえ」が運転を始めると、近鉄は平成2年(1990)3月15日のダイヤ変更で、名古屋線の伊勢中川止まりの急行を松阪まで延長した。それまでは伊勢中川で大阪線・上本町-宇治山田間の急行に接続するダイヤだったが、乗り換えの不便を解消。この結果、近鉄名古屋-松阪間は乗り換えなしで行ける急行が毎時2往復になり、好現象をもたらした。

快速「みえ」と特急「南紀」は伊勢鉄道を経由。同社のレールバスが憩う玉垣駅で両列車が交換した。平成2年3月20日

快速「みえ」1往復は特急「南紀」1往復のスジをもらい紀伊勝浦までロングランした。熊野灘の波おだやかな海辺を走るキハ58系2連。紀勢本線 新鹿-波田須間　平成2年3月17日　写真：加藤弘行

快速「みえ」に使用されたキハ58系リニューアル車の車内。座席モケットを縦縞模様の明るいデザインに一新したがボックスシートのままだった。平成2年3月10日

　名古屋都市圏の鉄道は首都圏や近畿圏とは異なり、クルマ社会への挑戦が課題。クルマ主導型の名古屋で、鉄道事業者は鉄道としてトータルに乗客を増やし共存共栄、競争と強調が不可欠だ。近鉄の中川急行の松阪延長は「みえ」の波及効果の一つとも考えられよう。

快速「みえ」の車内では当時まだ高嶺の花だったNTTの携帯電話を使用し、指定券の発売サービスを実施した。平成2年3月13日

新幹線とリレーする営業施策

　新幹線連絡がセールスポイントでもあり、営業面でも前向きな姿勢が感じられた。一つは、指定席の設定。新幹線乗り継ぎ客へのシートサービスを考慮したもので、2両編成のうち名古屋方①号車の半分、11～20のABCDと1S～4Sの44席を指定席ブロックとした。一部指定席という措置は、ターゲットを新幹線乗り継ぎ客に絞ったものでもある。

　二つ目は、車内で当日分の新幹線・在来線の指定券発売サービスを開始したこと。車掌がNTTの携帯電話で名古屋の販売センターに連絡、車内補充券に席番を記入し発行するものだが、当時まだ携帯電話は高嶺の花。JRグループでは初のアイデアで、新幹線に乗り継ぐ多忙なビジネスマンは駅での行列を嫌う人が多く、このサービスはJRの気配りの表れとして好評を博した。

「リゾートライナー」併結の「みえ」も走る

　平成3年(1991)の正月輸送では、伊勢神宮への初詣列車として1月2～6日、欧風気動車「リゾートライナー」を使用した「リゾートライナー伊勢初詣」を名古屋－鳥羽間(伊勢鉄道経由)に1往復新設。Bグリーン料金で利用でき、名古屋－松阪間は快速「みえ」に併結、平成6年(1994)の正月まで毎年運転された。

快速「みえ」を増発しスピードアップ

　平成3年3月16日改正では、「みえ」を3往復増発し名古屋－松阪間は12往復、名古屋発は9時台から毎時10分、17・20時台は11分発に変更。スピードアップも実現し、最速の「みえ11号」は名古屋－松阪間が66分、従来の最速タイプの71分を5分短縮した。

　また、鳥羽行きも増発され名古屋発3本、夕方の同18時～20時台の3本は伊勢市まで延長。休日の朝には名古屋発の臨時列車「みえ51号」鳥羽行き、伊勢市発の同「みえ52号」名古屋行きが新設された。

平成3年3月改正では「みえ」を増発しスピードアップも実現。早春の伊勢路を快走する快速キハ58系2連。上り名古屋行き。伊勢鉄道 河芸－伊勢上野間　平成2年3月17日

欧風気動車「リゾートライナー」と併結運転した快速「みえ」。平成3年の正月輸送で「リゾートライナー伊勢初詣」として登場。関西本線 蟹江－永和間　平成3年1月2日

特別仕様のパワーアップ車キハ58系5000番台

車内アコモの改良と英国カミンズ社製のハイパワーエンジンに交換したのはキハ58形。ペアを組むキハ65形は車内アコモのみ改良された。試運転中のキハ58 5001。関西本線 蟹江　平成3年1月31日

キハ58形＋キハ65形5000番台オールキャストのみ3組つないだ6連は臨時「みえ」で実現。紀勢本線 徳和-多気間　平成8年1月6日

パワーアップ車はキハ58形・キハ65形とも車内アコモが改装され、座席は新幹線0系発生品のリクライニングシートを張り替え転用された。名古屋車両区　平成3年1月31日

キハ58形5000番台の台車は特急形80系気動車発生品の空気ばね台車と交換された

キハ58系にパワーアップ車が登場

　快速「みえ」のスピードアップに際しては平成3年（1991）1月、キハ58系・キハ58形のエンジンを特急形キハ85系と同じ英国カミンズ社製の大出力エンジンに取り替えたパワーアップ車、キハ58形・キハ65形の5000番台が2両編成3本6両登場した。

　車内アコモもリフレッシュされ、座席は新幹線0系発生品のリクライニングシートに交換、快速「みえ」の超目玉として同年3月16日改正から"速達みえ"に投入された。

「ナイスホリデーみえ」が登場

　平成4年（1992）3月14日改正では、特急「南紀」にワイドビュー車両キハ85系を投入。紀伊勝浦までロングランしていた快速「みえ」1往復は、「南紀」にスジを返して特急に昇格した。

　「みえ」の名古屋発時刻も変更。9時台から20時台まで毎時00分発とし、休日運転の「みえ51・52号」の名称にナイスホリデーを付加、行楽列車の仲間に加えられた。

ビッグイベントに備え輸送力増強

　三重県伊勢志摩地方では平成5年（1993）10月に伊勢神宮式年遷宮、翌6年（1994）には「志摩スペイン村」の開村、「世界祝祭博覧会（まつり博）」の開催など、ビッグイベントが目白押しだった。それまで伊勢志摩への足は近鉄特急が主役だったが、JR東海は新幹線と連絡する快速「みえ」の売り込みにも力を入れ、大規模な輸送力増強工事を実施した。

　主な内容は、関西本線富田浜-四日市間4.2kmの複線化と、八田-蟹江間に行き違い設備として春田信号場（平成13年3月3日、春田駅に昇格）、同じく永和-弥富間に白鳥信号場を新設。このほか、参宮線の地上設備も改良した。伊勢鉄道は河原田-中瀬古間12.7kmの複線化と、JR東海と同じATS-ST形や列車無線を導入した。

「みえ」に新型車キハ75形を投入

平成5年(1993)8月1日のダイヤ改正は、伊勢神宮式年遷宮に向けたもので、快速「みえ」に新型車キハ75形が投入された。

キハ75形は、特急用キハ85系と同じ英国カミンズ社製350馬力エンジンを1両に2台搭載した高速型気動車で、最高速度は時速120km。車体は東海道本線の新快速に活躍する311系電車に類似した3扉

快速「みえ」に新型車キハ75形が投入され盛大に発車式を挙行。JR東海須田社長(左端)らがクス玉を割って門出を祝った。名古屋 平成5年8月1日

車で、座席は転換クロスシート。ワイドな連続固定窓や洋式トイレなど、観光用としての機能も充実。また、快速列車では珍しいカード式列車公衆電話も設置した同社の須田 寛社長(現:相談役)は、「料金をいただかない車両としては国内最高レベルです」と自信満々だった。

キハ75形の投入で各線の最高速度もアップ。関西本線は時速120km(従来は時速110km)、参宮線は時速100km(同95km)、伊勢鉄道は時速110km(同95km)になる。最速列車は名古屋―鳥羽間を7分短縮の96分、表定速度は時速76.8km(下り9号・3929D)で、主要駅に停車する近鉄特急より2分速くした。

同ダイヤ改正では、全列車を鳥羽または伊勢市発着とし、伊勢市発着は観光客の需要が少ない朝の上り3本、夕方の下り4本だけ。この結果、平日でも名古屋発は9時台から20時台まで毎時00分発、土曜・休日には8時発が加わり、観光シーズンのピーク時には9時・10時・12時台に40分発も増発し、毎時2往復体制とした。

ゆったりとした転換クロスシートが並ぶキハ75形の車内。平成5年8月2日

リアス式海岸の入江に沿って走る電車タイプのデラックス気動車キハ75形2連。上り快速「みえ」名古屋行き。参宮線 鳥羽―(臨)池の浦シーサイド間 平成5年8月2日

キハ75形は1次車のみ総勢12両だったが、2両編成を3本連結した6連運転が修学旅行の増結で初めて実現。関西本線 永和－白鳥(信)間 平成6年5月20日

「みえ」のスピードは3タイプ

　「みえ」用のキハ75形は2両編成6本、総勢12両という少数派。増結が必要な場合、全列車をキハ75形でまわすのは不可能なため、先輩のキハ58形＋キハ65形も助っ人として活躍した。在来車はパワーアップ車の5000番台が最高時速110km、その他の車両は同95kmのため、「みえ」のスピードは最高時速120kmのキハ75形を含め3タイプとなる。ちなみに、名古屋－鳥羽間の所要時間は、①キハ75形で96～118分、②在来パワーアップ車で99～107分、③在来一般車で111～115分だった。

　余談だが平成6年(1994)5月20日、修学旅行の増結で「みえ14・15号」がキハ75形の6連で走り、同系初の"長大編成"が実現した。

割引切符廃止　普通乗車券で対抗

　平成5年(1993)8月1日のキハ75形の投入を機会に、三重方面の企画商品はすべて廃止された。廃止されたのは「みえ往復割引きっぷ」や「ストレートきっぷ」、「関西線回数割引きっぷ」など6種類。割引率はまずまずで、平成2年(1990)の「みえ」誕生時に設定した「みえ往復割引きっぷ」が最も新しく、いずれもライバル近鉄を意識した商品だった。

　これは平成3年(1991)11月20日、近鉄が運賃・特急料金の改訂を実施。この結果、普通運賃だとJRの方が近鉄より安くなる区間が現れた。これはJRが大都市圏特定運賃を据え置いているためだが、伊勢鉄道と併算(合算)になる区間はまだ、近鉄より高かった。

　しかし、「みえ」のライバルは近鉄特急であり、近鉄は特急料金をプラスすると高くなる区間も多い。JR東海はそこに着目し、普通運賃だけで乗れるデラックスな車内設備の「みえ」をPR、商品価値を高めるため、断腸の思いで割引切符の廃止にふみきった。

定期列車は原則キハ75形で運用 名残りの「ナイスホリデーみえ」

　平成6年(1994)12月3日改正では、新幹線と在来線優等列車との接続改善を図るため、「みえ」の名古屋発時刻が9時台から20時台まで毎時10分に戻った。

　また、「ナイスホリデー」の名称が付加されていた「みえ51・52号」は、行楽列車の見直しでその名称が削除され「みえ」に統合された。

種別幕に「ナイスホリデー」を掲出していた頃の「みえ52号」。関西本線 春田(信)－八田間 平成6年6月25日

近鉄がまた運賃改定

　近鉄は平成7年(1995)9月1日にも運賃・特急料金を改訂。料金不要の「みえ」は人気が上昇し、名古屋－桑名・四日市間では通勤客が定期券をJRに変更する人も増えた。

　遠距離の松阪、伊勢市、鳥羽方面では、近鉄特急より最大約3割も安い区間が現れた。

キハ75形が臨時急行に活躍

　熊野大花火大会の波動輸送で平成8年(1996)8月17日～18日の未明にかけ、参宮

線の伊勢市－紀勢本線の熊野市間（多気経由）などに、キハ75形の臨時急行「熊野市花火」を上下合計5本運転。キハ75形の急行仕業は初めてである。

また、平成10年(1998)8月12日～14日には、旧盆の臨時列車として名古屋→熊野市間に全車指定席の急行「くまの」を片道のみ各日1本運転。同列車にもキハ75形が使用されたが、関西本線名古屋口でのキハ75形の急行は初登場だった。

キハ75形は2次車の登場で波動輸送も対応が容易になる。貫通扉上部に前照灯を2つ増設した2次車。臨時快速「さわやかウォーキング三重」に活躍中のキハ75形6連。関西本線　蟹江－永和間　平成11年10月16日

平成10年の旧盆輸送で関西本線名古屋口に初登場のキハ75形使用の急行「くまの」。快速「みえ」と並んだキハ75形の晴れ姿。名古屋　平成10年8月12日

キハ75形に増備車が登場

平成11年(1999)12月4日、名古屋都市圏輸送の改善を柱としたダイヤ改正が行われた。同改正では、老朽化したキハ58系の後継車としてキハ75形を増備し投入。その2次車は急行「かすが」にも使用できる"特別仕様車"2編成（ほかに同予備車2編成）を含む200＋300番台車8編成16両と、武豊線のワンマン運転にも対応可能な400＋500番台車を6編成12両新造。2次車は1次車をベースに一部仕様変更され、識別は先頭車の貫通扉上部に増設された2つの前照灯である。

キハ75形は2次車の登場で、多客期の増結や波動輸送時の臨時列車の増発が容易になり、キハ75形6連も走る機会が増えた。

なお、関西本線で唯一の急行「かすが」（名古屋－奈良間1往復）は、平成11年12月8日からキハ75形の"特別仕様車"に置き換えられた。

近鉄特急と共存共栄する「みえ」

平成15年(2003)10月1日のダイヤ改正は、東海道新幹線品川駅開業に伴うものだが、快速「みえ」は接続改善のため名古屋発が9時台から20時台まで毎時30分に変更された。

ところで、ライバルの近鉄特急は近鉄名古屋発30分が近鉄難波（現：大阪難波）行き名阪乙特急で、競合区間は津まで。「みえ」の毎時30分発という設定は、近鉄特急の隙間を埋めたようで、両社が共存共栄しているようにも見えた。

列車本数で苦戦するJR東海

JR東海は、単線・非電化区間が多い名古屋－鳥羽間で既存施設に改良を加え、新幹線連絡の快速「みえ」を育てながら健闘してきた。しかし、近鉄は複線電化の高速電車線で、列車本数は昔も今もJR(国鉄)とは比較にならないほど多い。昼間は鳥羽まで直通する特急が毎時2～3本、急行は宇治山田、松阪、伊勢中川行きが毎時各1本の計3本、さらに区間運転の普通も加わり区間利用客にはとても便利だ。

対するJRは単線区間が多いのに、笹島信号場（名古屋）－四日市間にはDD51（ディーゼル機関車）牽引の貨物列車が何本も走り、

JRと近鉄が改札口を共有する共同使用駅の津では、JR側の東口に「快速みえ得ダネ4回数券」をPRするポスターがいっぱい掲出された。平成19年8月26日

関西本線名古屋口の四日市以北はDD51牽引の貨物列車が何本も走り、かつ単線区間もあるので列車増発、スピードアップの支障になっている。DD51重連が牽引する下り貨物列車。白鳥(信)－弥富間　平成25年5月4日

また、繁忙期の利用制限もない。途中下車は前途無効、乗り越しの場合は飛び出し区間の別途運賃収受なので一般的な扱いだ。

ズバリ言ってこの回数券は安い。発売金額は当時も今も消費税の添加率が変わったほかは同じで、近鉄の普通運賃はもちろん、普通回数券どころか時差回数券よりも安い設定だ。翌18年(2006)3月18日のダイヤ改正では、「みえ」の全列車が伊勢鉄道の鈴鹿駅に停車するようになり、名古屋市内発に鈴鹿が加えられた。

ちなみに、JR東海が「みえ」に賭ける施策は、単線区間が多く列車増発が難しいハンディを運賃でカバー。時刻表を確認し「安くて速い列車」に乗ってもらおうというアイデアでもある。回数券1枚あたりの金額は近鉄よりかなり安いが、毎時1往復では気軽に利用しにくく、このあたりを近鉄は冷静に見ているようだ。

旅客列車の増発はとても厳しい。亀山－鳥羽間の紀勢本線に目を向けると、普通列車は毎時1往復程度で"時刻表が必要なダイヤ"となっている。

企画商品復活！
「快速みえ得ダネ4回数券」

JR東海は平成17年(2005)10月1日、伊勢鉄道を介し運賃が併算となる津以南の主要駅を対象に、約40％割引の回数券「快速みえ得ダネ4回数券」を発売した。設定区間は名古屋市内発と桑名発が津・松阪・多気・伊勢市・鳥羽、四日市発が松阪・多気・伊勢市・鳥羽。4枚セットで有効期間は1ヵ月、セールスポイントは「1人でも！　2人でも！　4人でも！　往復でも、片道でも利用OK」。1枚で小児2名の利用もでき、別に特急券を買えば特急「ワイドビュー南紀」に、指定席券を買えば快速「みえ」の指定席も利用できる。

関西本線の快速列車が
毎時2往復に

平成21年(2009)3月14日のダイヤ改正で、関西本線名古屋－亀山間の普通電車1往復が快速に格上げされ、名古屋－四日市間の快速は「みえ」と合わせ毎時2往復・30分ごとに増発された。四日市までの途中停車駅は桑名のみ、以遠は各駅に停車する。

亀山快速には当初、313系3000番台と既存の211系5000番台が活躍したが、同年10月までに順次、扉間転換クロスシート装備の313系1300番台に置き換えられた。名古屋－四日市間では「みえ」のキハ75形と共演、デラックス車両および格安運賃で近鉄と"ライバル決戦"を展開するようになった。また、同改正では名古屋－四日市間に普通1往復を増発、同区間は一部複線で、快速と普通が毎時各1往復走る「2・2ダイヤ」が実現した。ちなみ

に、快速の名古屋発時刻は毎時05分・35分、このとき「みえ」は35分発になった。

快速「みえ」が4両編成に

多客期は一部列車を4両編成に増結して対応してきた「みえ」だが、平成25年(2013)の伊勢神宮式年遷宮に向け、快速「みえ」の輸送力増強を図るため、定期列車を通年4両編成化することになった。

そこで武豊線用に、のち他線区への転属も踏まえた新型気動車キハ25形0・100番台2両編成5本10両を新造。同線でも使用してきた捻出のキハ75形は、その大半を「みえ」に転用することにした。

平成23年(2011)3月12日のダイヤ改正から実施し、この増結で定員は指定席が2倍、自由席は3倍となり輸送力は大幅にアップ。同改正では「みえ」の名古屋発時刻が毎時37分に変わった。また、同年は伊勢神宮式年遷宮の輸送で、臨時列車「みえ93・94号」も特定日に運転したが、夏季の下り「みえ94号」(名古屋発8時51分)は全車指定席だった。

関西本線の名古屋ー四日市間は快速が毎時2往復になる。桑名駅で交換する下り亀山行き快速213系4連と名古屋行き快速「みえ」キハ75形4連。左は緩急連絡をとる上り名古屋行き普通313系3000番台2連。平成21年3月18日

関西本線名古屋口は毎時、快速2本・普通2本の「2・2ダイヤ」が実現。近鉄との共同使用駅の桑名ではそれをPRする看板が立てられた。平成21年3月18日

26年(2014)12月1日から編成を見直し、再び2両編成を主体とした運行方式に改められた。しかし、引き続き輸送力列車4往復(2〜5号、18〜21号)は4両編成で運行している。

むすび

JR東海と近鉄のホットな戦いは、"三重の風物詩"にもなった。JRは厳しい条件の中で快速「みえ」を育て、新幹線連絡の目玉を活かし近鉄に挑んできた。これはJR東海の"ど根性"ともいえそうだが、大阪商人の近鉄は観光特急「しまかぜ」などの運行も始め、自社商品により磨きをかけている。

両社の今後の意欲に期待し、本章の結びとする。

快速「みえ」は定期列車のすべてを4両編成で運転。キハ75形2次車も「みえ」の運用に入ることが多くなった。同2次車4連で走る下り「みえ」。関西本線 永和ー白鳥(信)間 平成25年5月5日

「みえ」が再び2両編成に！

伊勢神宮式年遷宮も終わり、「みえ」の利用客は再び固定客に落ち着いた。4両編成だと四日市以南は空席が目立つようになり、平成

快速「みえ」および関連略史

昭和63年（1988）7月1日
名古屋－伊勢市間に臨時列車「ホームライナーみえ」新設。下りは11月30日、上りは12月1日まで運行

平成2年（1990）3月10日
名古屋－松阪間（伊勢鉄道経由）に新幹線連絡の快速「みえ」新設。一部指定席で定期9往復、うち1往復は特急「南紀」の格下げで紀伊勝浦まで運行、熊野市以南は各停、新宮以南は全車自由席。土休日の2往復は鳥羽行きを増結。原則キハ58形（名古屋方）＋キハ65形（松阪方）のリニューアル車を使用。名古屋発は原則毎時06分。大幅割引の企画商品「みえ往復割引きっぷ」を設定

平成3年（1991）3月16日
「みえ」3往復増発し、運行区間を一部列車で延長。名古屋発着で鳥羽3往復・伊勢市3往復・松阪5往復・紀伊勝浦1往復の合計12往復に増発。休日の1往復は「ナイスホリデーみえ」とした。エンジンを換装したパワーアップ車が登場。座席もリクライニングシートに交換したキハ58系5000番台を3編成投入。名古屋発は原則毎時10分

平成4年（1992）3月14日
特急「南紀」にキハ85系を投入。紀伊勝浦系統の「みえ」を特急に格上げ「ワイドビュー南紀」に統合。「みえ」の編成がキハ58形は松阪方、キハ65形は名古屋方に変更。休日運転の「みえ51・52号」に「ナイスホリデー」の名称を付加し行楽列車に位置付け

平成5年（1993）8月1日
新型気動車キハ75形登場。伊勢神宮式年遷宮に備え、快速「みえ」の定期列車の多くに投入。全列車が松阪以南を延長、名古屋－鳥羽・伊勢市間の運転となる。名古屋発は原則毎時00分に。最高時速120km運転を開始、名古屋－松阪間最速61分、表定時速85.5kmは気動車快速では日本最速。定期の一部と臨時はキハ58系で運行したがヘッドマークは廃止。「みえ往復割引きっぷ」など三重方面の企画商品を廃止

平成6年（1994）12月3日
「みえ」の全定期列車をキハ75形化。キハ58系は予備車に。「ナイスホリデーみえ」は「みえ」に統合。新幹線との接続改善で名古屋発は原則毎時10分に戻る

平成8年（1996）8月17日
熊野大花火大会の臨時列車で初のキハ75形使用の急行「熊野市花火」を運転。8月17日〜18日の未明にかけ、伊勢市－熊野市（多気経由）間などに上下合計5本運転

平成10年（1998）8月12日
旧盆輸送の臨時列車として8月12日〜14日の3日間、キハ75形使用の急行「くまの」を名古屋→熊野市間（伊勢鉄道経由）に下りのみ全車指定席で運転。関西本線名古屋口でのキハ75形の急行仕業は初、翌年も運転

平成11年（1999）12月4日
名古屋都市圏輸送のダイヤ改正。伊勢鉄道中瀬古駅に「みえ」1往復停車、駅前の住宅団地への利便、鈴鹿国際大学への通勤通学も考慮し上下共朝停車、2限目に間に合う。キハ75形の増備車として2次車が登場。急行「かすが」にも使用可能な"特別仕様車"2編成を含む200＋300番台車8編成16両、武豊線のワンマン運転に対応可能な400＋500番台車6編成12両。2次車は各部でマイナーチェンジされ、識別は先頭車貫通扉上部に増設の前照灯2灯。「かすが」は12月8日からキハ75形化

平成15年（2003）10月1日
東海道新幹線の品川駅開業に伴うダイヤ改正で、新幹線との接続改善のため「みえ」の名古屋発を原則毎時30分に変更

平成17年（2005）10月1日
企画商品復活。「快速みえ得ダネ4回数券」を主要区間で発売。最大40％割引！

平成18年（2006）3月18日
関西本線唯一の急行「かすが」（名古屋－奈良間1往復）を廃止。キハ75形の定期急行仕業が消える

平成19年（2007）4月15日
三重県中部地震が発生、伊勢鉄道が被災し当分の間、快速「みえ」は亀山経由で運転

平成21年（2009）3月14日
関西本線で快速増発。亀山快速を新設し、名古屋－四日市間は毎時、快速2往復に。「みえ」の名古屋発は原則毎時35分とし、伊勢鉄道中瀬古停車を見直し上り1本のみとなる

平成23年（2011）3月12日
伊勢神宮式年遷宮に向け、「みえ」の定期全列車を4両編成化。名古屋発は原則毎時37分に訂補。「みえ52号」廃止で蟹江・弥富停車の「みえ」が消える。伊勢鉄道中瀬古停車の上り「みえ」が1本から3本（7・8・10時台に停車）に増える

平成26年（2014）12月1日
波動輸送後の編成見直しで「みえ」の大半を2両編成化。ただし輸送力列車は4両編成

関西本線の伝統列車 急行「かすが」

　かつては関西本線の名列車だった急行「かすが」だが、並行する近鉄特急や高速道路の利便性には歯が立たず、平成18年(2006)3月18日に廃止された。

　車両は長らく急行形のキハ58系が活躍。昭和60年(1985)3月14日改正からは名古屋－奈良間に1往復の運転となったが、「かすが」用の同系は平成元年(1989)3月に座席を新幹線0系発生品のリクライニングシートに交換、キハ58形＋キハ65形の3000番台を名乗り、引き続き使用された。平成3年(1991)12月には、車体塗色が"国鉄急行色"から「みえ」と同じ"東海快速色"に変更された。

　平成11年(1999)12月8日からはキハ75形の2次車に置き換えられ、その200＋300番台の205Fと206Fの2編成は"特別仕様車"とし、通称"かすが車"と呼ばれていた。急行仕様のため中扉の締切が可能で、座席カバーは布製の1席ずつを区分したセパレートタイプを装着。また、亀山以西のJR西日本管内も走るため、「かすが」の予備車で座席が一般車仕様の207Fと208Fを含め、ノッチ制限対応車とした。

キハ58系3000番台を使用していた頃の急行「かすが」。車体塗色は塗り替えられ「みえ」と同じデザインをまとっていた。関西本線 蟹江－弥富間　平成11年10月16日

「かすが」は平成11年12月8日からキハ75形200番台"特別仕様車"に置き換えられた。関西本線 蟹江－永和間　平成11年12月25日

「かすが」は基本2両編成だが、多客日には4両編成で運行することもあった。関西本線 関－加太間　平成18年3月17日

急行仕様のキハ75形を「かすが」に運用する時は、中扉は締切、座席にはセパレートタイプのシートカバーが被せられた。平成16年7月17日

東海道本線・武豊線を走った電車型気動車
キハ75形・キハ25形の勇姿

　武豊線は東海道本線の大府を起点に知多半島の東岸付近を南下し、武豊までの19.3kmを結ぶ名古屋の都市近郊線。沿線の知多郡東浦町、半田市、知多郡武豊町は名古屋のベッドタウンとして発展。利用客も年々増え、単線ながらも平成27年(2015)3月1日に直流1500Vで電化された。

　現在はJR東海が誇る"平成のスタンダード"313系電車が颯爽と走っているが、非電化時代は"気動車天国"だったのである。

　その気動車時代の最後を飾ったのが電車型気動車キハ75形とキハ25形だ。キハ75形は平成11年(1999)5月10日から、キハ25形は同23年(2011)3月1日から運転を開始したが、朝夕は名古屋直通の快速・区間快速として東海道本線も疾駆。その勇姿はJR東海の気動車の歴史を飾る名場面でもあった。

武豊線の超目玉は線内も快速運転する名古屋行き快速。下り武豊→名古屋間のみの運転で平日2本、土休日1本が設定されていた。キハ75形4連の同快速。尾張森岡－大府間　平成23年3月27日

朝夕は東海道本線の名古屋発着となり、原則として2両編成を2本連結した4連で運転。東成岩駅で交換する上り武豊行き区間快速(線内各停)と下り名古屋行き快速(線内通過駅あり)。いずれもキハ75形4連。平成16年8月9日

名古屋直通快速は車掌が乗務するツーマン運転のため、快速「みえ」用のキハ75形1次車(0番台)も武豊線で使用された。上り武豊行き区間快速に活躍する同4連。石浜－東浦間　平成16年6月29日

313系電車4次車がベースのキハ25形だが、マスクは前面貫通扉上部の前照灯を省略、スノープラウの設置でスカートの形状が異なり気動車であることを強調!　上り武豊行き区間快速、キハ25形1次車2編成連結の4連。尾張森岡－緒川間　平成27年2月28日

共演するキハ75形(左)とキハ25形(右)、上下区間快速の交換。いずれも4連。石浜　平成23年3月27日

半田駅に停車中のキハ25形2連の上り武豊行き普通・ワンマン列車。明治の風格漂う同駅跨線橋と平成の最新型車両との組み合わせもユニークだ。平成27年1月12日

東海道本線の熱田駅を通過する下り名古屋直通快速4連。キハ75形は最高速度が時速120kmで313系電車と何ら遜色はない。平成27年1月21日

名古屋の街並みをバックに東海道本線を快走するキハ25形4連、キハ25形は亜幹線への転属を前提に製作されたため最高速度は時速110km。上り武豊行き区間快速。金山－熱田間　平成27年1月3日

名古屋駅で発車を待つキハ25形4連の上り武豊行き区間快速。キハ25形の営業列車を同駅で見られたのも昔語り。平成27年2月21日

電化完成営業初日の武豊線は早朝の大府発3本、武豊発4本はまだ気動車が使用され、電車と気動車の交換シーンが見られた。キハ25形4連の下り名古屋行き区間快速4507D(左)と上り武豊行き普通313系4連。石浜　平成27年3月1日

新しい舞台の高山本線・太多線で活躍するキハ75形

　総勢40両いたキハ75形は、平成27年(2015)3月1日の武豊線電化完成による車両操配で、うち24両が同年3月10日付けで名古屋車両区から美濃太田車両区に転属した。

　キハ75形は基本2両編成で、名古屋に残ったのは0＋100番台が6本、200＋300番台が2本(201F・202F)の16両。美濃太田車は①旧200＋300番台に冬季の耐寒対策の改造を施した新1200＋1300番台(1203F～1205F)3本、②同じく旧200＋300番台に耐寒対策とワンマン化工事を施した新3200＋3300番台(3206F～3208F)3本、③既設ワンマン対応車で旧400＋500番台に耐寒対策を施した新3400＋3500番台(3401F～3406F)6本である。

　キハ75形は編成をバラして使用できるため、2両＋1両の3連運転も可能。快速「みえ」の臨時列車や増結が必要な場合は、美濃太田車が名古屋へ応援に来る。なお、扉ステップの取り付けが未改造のため、美濃太田車の運用区間は高山本線の岐阜－下呂間と太多線全線となっている。

美濃太田区のキハ75形は2～4連で営業運転に就く。基本2両編成に編成をバラした1両を増結した2両＋1両の3連で走る高山本線下り普通。長森－那加間　平成27年7月7日

編成をバラした1両＋2両と同2両＋1両を連結したキハ75形6連の回送列車。朝のラッシュ輸送後、高山本線の岐阜→美濃太田間に運転。長森－那加間　平成27年7月7日

太多線の名所、木曽川橋梁を渡る多治見発の高山本線直通の岐阜行き。キハ75形2両＋1両の3連。可児－美濃川合間　平成27年6月15日

太多線の可児駅で交換するキハ75形2連の上下普通ワンマン列車と、名鉄広見線の上下電車が顔合わせした。平成27年6月15日

快速列車にも活躍した
"生活気動車"懐かしの名場面

　気動車は非電化路線の主役だが、ＪＲ東海で気動車が活躍しているのは、岐阜県の高山本線・太多線、三重県の紀勢本線・参宮線・名松線である。愛知県の武豊線は平成27年(2015)3月1日に電化されたが、これらの各線では長らく、国鉄から引き継いだキハ40系と、武豊線を除く各線では民営化後に開発された軽快気動車キハ11形(0番台は暖地用・100番台は寒地用・200番台は東海交通事業向け・300番台は暖地用でステンレス車体のトイレ付き)が地域輸送を担ってきた。

　しかし、平成28年(2016)3月26日改正で紀勢本線・参宮線を走っていたキハ40系が運用を離脱。これをもってＪＲ東海の国鉄型気動車はすべて淘汰された。本章では地域の足として活躍した"生活気動車"をたたえ、その名場面を回顧していただこう。

人気があった国鉄一般型気動車標準色風塗装車

　ＪＲ東海にも国鉄一般型気動車標準色風塗装(国鉄復刻色風)をまとったキハ40系が5両いた。3両は美濃太田車両区のキハ48-3812、キハ48-6812、キハ40-6309、2両は伊勢車両区のキハ48-6502、キハ40-3005である。キハ40系がこのカラーをまとった時代はなかったが、この塗装は優しい色合いが国鉄型気動車にマッチし、どこか懐かしく親しみがもてた。

美濃太田区の国鉄復刻色風塗装のみのキハ40系3連で走る「さわやかウォーキング」向け上り臨時快速。「高山本線全通開通80周年」の記念ヘッドマークを掲出して運転。禅昌寺―下呂間　平成26年10月25日

宮川の渓谷沿いを走る美濃太田車2連の高山本線下り普通。打保―杉原間　平成25年6月25日

紀勢本線の上りローカル列車に活躍するキハ48形3連。先頭は国鉄復刻風色の伊勢車キハ48-6502。川添―栃原間　平成26年8月18日

武豊線の輸送力列車

武豊線にキハ40系のキハ47形・キハ48形が投入されたのは平成3年(1991)3月16日改正から。平日朝の名古屋直通快速には多形式混結の長大編成が走り、同線は気動車天国の様相を呈していた。なお、これらの気動車がキハ75形と交代したのは平成11年(1999)5月10日改正である。

平日の朝、名古屋直通の輸送力列車を送り込むため、上り922Dはキハ58系「みえ」用アコモ改善車2両＋急行「かすが」用同3000番台車(国鉄色)2両＋キハ47形4両＋「みえ」用予備車2両連結の堂々10連の長大編成となる。大府－尾張森岡間　平成3年5月20日

キハ47形4両に「みえ」用アコモ改善車キハ58系2両を連結して走る上り武豊快速6連。大府－尾張森岡間　平成11年9月21日

F1輸送の臨時列車

鈴鹿サーキットのビッグイベント「F1日本グランプリ」の観客輸送で、JR東海は伊勢鉄道直通の臨時快速を多数運転。ふだんは見られないキハ40系、キハ11形の長大編成が関西本線を走ったのも昔語りだ。

美濃太田車両区のキハ40系が応援にかけつけ、国鉄復刻色風1両を含むキハ48形4両＋キハ47形2両の6連で走る下り臨時快速。関西本線　白鳥(信)－弥富間　平成26年10月5日

小振りな軽快気動車キハ11形も名古屋発着で関西本線～伊勢鉄道直通の臨時快速に活躍。ステンレス車体の300番台(2両目)を含むキハ11形5連の下り同列車。関西本線　蟹江－永和間　平成26年10月4日

太多線で共演した
キハ40系とキハ11形

　晩年のキハ40系はエンジンを英国カミンズ社製に換装しパワーアップ、キハ11形は小振りながらも同エンジンを搭載した軽快気動車だった。沿線が名古屋都市圏の衛星都市に発展した太多線では、平日朝の輸送力列車に両系の4連も活躍した。

可児駅ではキハ40系、キハ75形各4連の交換と、新可児駅で発車待ちの名鉄2000系「ミュースカイ」中部国際空港行きとの顔合わせも見られた。平成27年3月10日

特急並みのスピードで疾駆した
キハ11形の駿足快速

　平成3年（1991）3月16日改正で高山本線の岐阜－美濃太田間に、夜間3往復の快速列車を新設。キハ11形の2両または単行運転で、同区間30.3 kmを途中、那加・各務原・鵜沼の3駅停車で最速27分で疾駆。当時、キハ85系の特急「ひだ15号」は同区間を鵜沼の1駅停車で所要23分、これぞキハ11形のカミンズ製エンジンが威力を発揮した成果ともいえよう。

　しかし、この快速も平成5年（1993）3月18日改正で下り最終1本を、同9年（1997）10月1日改正では全快速が普通に格下げされた。

地上時代、高架工事中の岐阜駅高山本線（仮）ホームで発車待ちのキハ11形の快速列車。左は停車駅の案内図。平成3年6月24日

JR東海キハ40系・キハ11形の動向

　武豊線電化に伴う車両操配を含め、①美濃太田車両区所属車（高山本線・太多線）は、平成27年（2015）3月14日にキハ11形100番台とキハ40系のキハ47形が、同年7月1日には残るキハ40系も運用を離脱。その大半は廃車になったが、一部の車両は伊勢車両区へ転属し約4ヵ月半、検査期限切れ車両の代役を務めた。

　②伊勢車両区（平成28年〈2016〉4月1日、名古屋車両区に統合）所属車（紀勢本線・参宮線・名松線）は、平成27年10月末までにキハ11形の0番台と美濃太田からの転属組の100番台、翌28年3月26日にキハ40系が運用を離脱した。

　いずれも離脱後すぐに廃車となり、その大半はミャンマー鉄道省へ譲渡。ステンレス車体のキハ11形300番台は6両のうち301と302の2両が東海交通事業・城北線へ譲渡され、残る303～306の4両は引き続き名松線で活躍している。

東海交通事業・城北線専用で同線色のキハ11形200番台は、201号車が平成27年9月24日に運用を離脱。しばらくは残存した同202号車と、JR東海から譲受したキハ11形300番台301号車との共演が見られた。その後、同302号車も翌28年3月に同線入りし、3月22日から営業運転に就くと202号車も引退、この光景も昔語りとなる。小田井駅で顔を合わせたキハ11形202号車（左）とキハ11形301号車（右）。平成28年2月20日

ひたちなか海浜鉄道へ嫁いだキハ11形

平成27年(2015)3月14日改正で運用を離脱した美濃太田車両区のキハ11-123号車と、東海交通事業所有で同改正および同年9月、翌28年(2016)3月に運用を離脱したキハ11形200番台201〜204号車は、両社で廃車後、茨城県のひたちなか海浜鉄道(勝田－阿字ヶ浦間14.3㎞)へ譲渡された。

キハ11-123号車およびJR東海の美濃太田車両区へ貸出中の東海交通事業(TKJ)・城北線の予備車、キハ11-203号車とキハ11-204号車(いずれも車体塗色はJRカラー、204号車は城北線の走行実績はなし)は、平成27年4月に廃車後、同年4月28日から30日にかけて"ひた鉄"湊機関区へ陸送。同社仕様に改造され、車体の帯を少し太めの濃いオレンジ色1本に変更。車号をキハ11-123はキハ11-5、キハ11-203はキハ11-6、キハ11-204はキハ11-7に改番し、同年12月30日から順次、営業運転に就いた。

城北線で活躍していたキハ11-201号車は平成27年9月24日に、キハ11-202号車は翌28年(2016)3月22日に運用を離脱。いずれもJR東海のキハ11形300番台(301・302)と交代後はすぐに廃車となり、両車とも"ひた鉄"入りした。しかし、今のところは那珂湊駅構内に留置されている。

車体の帯が少し太いオレンジ色1本となり、前面はJRマークに代わって車番が記載されたひたちなか海浜鉄道のキハ11形。快走するキハ11-5号車。高田の鉄橋－那珂湊間

車内はほぼJR・TKJ時代のままだ

城北線カラーのキハ11-201号車と同202号車は那加湊駅構内に留置中。営業中のキハ11-5号車と顔を合せた旧TKJのキハ11-202号車。那珂湊

いずれも平成28年8月7日
写真：徳田耕治(3枚共)

〈特別企画〉日本の衣裳で頑張ってます！
ミャンマーで第二の人生を送る元JR東海の気動車

齊藤幹雄

イギリス植民地時代の駅舎が残るキーミンダン駅に到着したRBE3027（キハ48-3814）ほか5連。方向幕は「快速 多治見」を掲出。前面貫通扉は通風のため基本的に開放。屋根上のベンチレータ等は同国陸橋の高さ制限ですべて撤去された。2016年2月21日

　ミャンマー連邦共和国（Republic of the Union of Myanmar）を走るMR（Myanmar Railway）では近年、日本国内で勇退した国鉄型気動車を大量に導入。最大都市で旧首都（現在の首都はネピドー）のヤンゴン市内を走るヤンゴン環状線、現地読みでミョバ・ヤター（Myobat Yather）に投入され、活躍している。

　国鉄型気動車の導入はそれまでも突発的に行われてはいたが、キハ40系の本格導入は、JRグループの2015年（平成27）3月14日のダイヤ改正以降である。早くも同年7月にはJR東海からの改造第1陣がヤンゴン環状線で営業運転を開始。2016年2月現在、JR北海道・東日本・四国からの譲渡車を含めると、総勢52両もの元JRの気動車が活躍している。これらの車両が民主化により経済開放が進むミャンマーと日本の架け橋になることを期待したいが、本章ではJR東海が譲渡したグループの現況を報告する。

　ミャンマーでは駅のホームが隣接する民家の庭代りになっているところは珍しくない。生活感漂うキーミンダン駅を紫煙を残して発車したRBE3046号車（キハ48-3815）ほか5連。2016年2月21日

※写真は関係機関による許可を事前取得し筆者撮影

ＪＲ東海の気動車導入の経緯

　2016年2月現在の資料によれば、ＭＲのキハ40系はＪＲ北海道8両（キハ40形2両、キハ48形6両）、ＪＲ東日本10両（キハ40形4両、キハ48形6両）、ＪＲ東海30両（キハ47形5両、キハ40形6両、キハ48形19両）、ＪＲ四国4両（キハ47形4両）の合計52両で、なんとＪＲ東海のグループが過半数を占める。

　ＪＲ東海は平成27年（2015）3月27日、プレスリリースで「ミャンマー鉄道省の車両譲渡について」を正式に発表。それによれば「今年度中に廃車を予定していた普通気動車について、ミャンマー鉄道省からの要請を受け、高山本線、太多線、紀勢本線、参宮線等で使用してきたキハ40系12両、キハ11形16両、合計28両の譲渡を行う」、「平成27年3月17日に譲渡契約を締結し、準備出来次第、順次引き渡す」、「平成28年度廃車予定の普通気動車50両についても、ミャンマー鉄道省の要請に基づき、譲渡について調整を進めている」

（以上、プレス資料を元に編集）との内容だった。

　発表された28両は第1陣で、平成27年（2015）3月14日のダイヤ改正で運用を離脱した美濃太田車両区のキハ47形5両（5001・5002・6001・6002・6003）・キハ48形5両（3814・5511・5513・3816・6813）・キハ11形13両（102・103・106・113・114・115・116・117・118・119・120・121・122）、同じく伊勢車両区のキハ48形2両（5805・6803）・キハ11形3両（6・111・112）で、いずれも同年3月下旬から4月上旬に廃車となっている。

　キハ48形については、側扉が車端部に寄った片開き2扉構造のため、キハ11形と同様、ラッシュ時にはやや使いにくいとの懸念もあったが、①車体が頑丈、②国鉄時代も含め一貫して丁寧な保守を継続、③エンジン・変速機が同一品で揃う、④大量で良質な中古車は保守・管理面でメリットが大きい。これらの理由により、平成26年中に水面下で交渉が進められていたという。

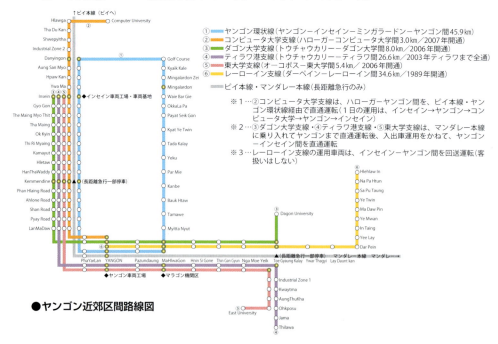

●ヤンゴン近郊区間路線図

■ミャンマーで第二の人生を送る元ＪＲ東海の気動車

ミャンマー回着の第1陣は2015年5月

第1陣は2015年2月〜4月、複数回に分けて東名古屋港大江埠頭へ回送。のち出港し、同年5月12日にミャンマー側の受け入れ基地であるティラワ港に回着した。その後は順次、改造の拠点となるマンダレー近郊のMR最大規模のミンゲ車両工場へ移送。一部の車両は第三セクターの車両やDD51形の改造で実績のあるヤンゴン市内のインセイン車両工場へ搬入、作業が進められた。

JR東海はその後、2015年6月末にもミャンマー鉄道省と56両の譲渡契約を締結。第2陣としてキハ40系(キハ40形・キハ48形)41両とキハ11形15両を、同年7月以降の廃車車両を対象に引き渡した。

MR「RBE3000形」への改造

JR東海からの譲渡車は、MRで形式を「RBE3000形」とし、第1陣の車号はキハ11形がRBE3006〜3021→キハ47形がRBE3022〜3026→キハ48形がRBE3027〜3033の順に、キハ47形・48形もキハ11形からの連番となっている。

MR仕様への改造は、線路の幅が1000㎜の通称"メーターゲージ"のため、改造項目は改軌に伴う車軸の切り詰めをメインに、側扉下部にステップと側扉左右に手すりの取り付け、屋根上の冷房装置やベンチレーターなどすべての機器を撤去しフラット化。また、JR東海車については下記の改造も施工された。

①側面窓下に空気取入口(エアインテーク)を新設
②車内2ヵ所に監視カメラ(CCTV)の取り付け(キハ48形のみ)
③冷房効果を高めるため、側面窓上部と側扉ガラス部分にスモークフィルムの貼り付け
④車体前面と側面に現地車号を標記(カッティングシート切抜き)、当面は先頭車として使用するRBE3024・3026・3028・3031号車には、前面種別窓部分に現地語で特別列車を意味する「アトゥーヤター」のシールを貼り付け
⑤便所閉鎖・水タンク撤去
⑥低屋根化による冷房装置落とし込みで、排水口2ヵ所を側面幕板部に設置。キハ11形(RBE3006〜)など

◇

JR東海のキハ40系グループは、JR東日本のキハ38形(2014年度竣工)などと同様、冷房装置が床下搭載型で、屋根上の大改造がないため、屋根上に冷房装置が載るキハ11形より作業工程が大幅に短縮できることから、まずはキハ48形5両(キハ48-3816・5511・5805・6803・6813)から着手された。

中国製の現地ディーゼル機関車と並ぶキハ11形・RBE3017ほか5連。方向幕のガラスに特別列車(冷房車)のシールを貼っている。ヤンゴン中央駅 2016年9月16日

第2陣投入組のRBE3046(キハ48-3815)ほか5連のインセイン行き。同一形式で組成されているが、2015年12月からの"非冷房化"(153頁参照)で側面窓上部がすべて開けられている。ヤンゴン中央駅付近 2016年2月22日

屋根の高さ調整は必須

　ヤンゴンエリア受け持ち分は、車軸切り詰めやエンジン整備などのメイン作業はインセイン車両工場、車体内外の細かい作業はヤンゴン車両工場で施工し、2015年5月末の入場から約1ヵ月半で完成に漕ぎ着けた。

　ミャンマーでは線路を跨ぐ陸橋の高さ制限があり、車両改造では屋根の高さ調整は必須である。JR東海のキハ48形はJR東日本のキハ38形などと同様、ベンチレーターを撤去すれば車高が3600mmに抑えられる。そのため、車体そのものの改造は省略でき、外観は側面に新設の空気取入口が目立つ程度だ。車体塗色はJR東海の普通気動車標準色が再塗装され、JR時代と同じ日本の衣裳をまとったので親しみがもてる。

　また、貫通扉下部の渡り板と側面に記載されていたJR車号も残存、21m級の大型車体で定員が大きいことから、車内のセミクロスシート配置に変化はない。しかし、一部の座席はロングシート化されたキハ11形と同様、FRP製のベンチシートに交換された。

　JR東海の時代に、ワンマン化改造されていたキハ48形の3814・3816・5805・6803・6813号車(→RBE3027・3028・3031・3032・3033)は、ワンマン化改造によるデッキ仕切、乗務員室扉の有無については種車時代を踏襲。前面・側面のワンマン表示灯、デッキ部の開閉用押しボタンも残存したが、JR東日本のキハ38形とは異なり、現時点ではボタンの車体色による塗りつぶしは実施されていない。だが、MRでは自動開閉が基本で押しボタンは使用していない。

　改造を終えたキハ48形5両(→RBE3028・3029・3031・3032・3033)は6月の試運転に続き、乗務員の習熟運転を何回も実施。平成27年(2015)3月の運用離脱からわずか4ヵ月後の同年7月5日、基本5両編成で営業運転を開始した。同年7月には、ヤ

各種スイッチ類は日本語表記のままで現地乗務員は苦手。無点灯が多いが時には点灯する列車もある。キハ48形・RBE3027ほか5連の「快速 多治見行き」。"非冷房化"で前面方向幕のガラスに貼られていた特別列車のステッカーは撤去。ヤンゴン中央駅　2016年2月22日

環状線の主要駅、キーミンダンを発車するキハ11形、RBE3008ほかの"非冷房"扱い列車。ミャンマーでは経済活性化、MRの赤字解消の一環として列車のラッピング化も進む。同編成はビール会社のラッピングカーだった。2016年2月21日

ンゴン車両工場でキハ48形と同様の改造が進められていたキハ47形5両(→RBE3022～3026)も完成、試運転を経て8月16日より基本5両編成で営業運転を始めている。

　また、キハ11形については冷房装置搭載部分の低屋根化などで工程が長引きそうだったが、第1陣のキハ11-118(→RBE3017)・キハ11-6(→RBE3006)・キハ11-122(→RBE3021)・キハ11-111(→RBE3010)・キハ11-112(→RBE3011)・キハ11-102(→RBE3007)の6両がキハ47形と同じ頃に完成。8月16日から5両編成で営業に就いた。

　ちなみに、今回現役復帰したJR東海車には前面行先表示幕が残存。「名古屋」、「多治見」、「美濃太田」や、快速表示を掲出したまま運用に出ている編成もあり、どこか懐かしく興味を抱く。

「RBE3000形」の運用

　JR東海が譲渡したキハ48形は前述の通り、まずは5両が利用客の増加が著しいヤンゴン環状線の本線冷房車運用(運賃300チャット／約30円)に投入された。

　所属はヤンゴン環状線の全運用を担うインセイン車両基地で、2016年2月現在、環状線本線運用ダイヤ13本中7本が日本型気動車、6本が客車列車でディーゼル機関車が現地製の客車を牽引している。気動車運用は過半数を占めるまでに成長し、時間帯によっては、複数の日本型気動車が主要駅に停車している光景が日常的に展開するようになった。

ヤンゴン中央駅に停車中のキハ47形、RBE3026ほか5連。登場当初は同一形式で5両編成を組んでいた。現在は"非冷房化"で種別幕ガラスにあった緑のシール(特別列車の意味)もはがされている。ヤンゴン中央駅　2015年9月19日(2枚共)

車体側面には赤色カッティングシートで現地形式の車号を表示。JR時代のナンバーも残り、新旧車番調査には好都合だ

　JR東海車は形式にかかわらず、編成全車のエンジンを起動させ総括制御を活用。それまでの日本型気動車は現地製の客車を牽引したり、先頭車だけエンジンを起動するケースが多く、無理な使い方がエンジン寿命を縮める結果となっていた。側扉も自動開閉機能をそのまま使用するため、走行中の列車からの旅客転落事故が減少し保安度がアップした。

　組成順序はその時の稼働可能車を考慮して決定するが、JR東日本のキハ48形・JR東海のキハ47形・キハ48形については概ね2両編成を基本に、JR東日本車はキハ40形を、JR東海車は予備のキハ47形かキハ48形を編成のどこかに組み込むパターンが多い。なお、JR東海車のキハ47形とキハ48形は運用開始当初、同一形式のみで組成・運用されていたが、しばらくすると両形式混結運用に変更された。

　運用編成は早朝に出庫し数往復した後、夜間は先に稼働した編成から順次入庫する。運用ダイヤに特定はないが、入庫時は全車両に給油・給水する必要があり、時間を要することから、同作業が機関車だけで完了する客車列車と比較すると、全線運用より区間運転＝ヤンゴン(Yangon)－インセイン(Insein)・ミンガラードン(Mingaradon)間などに充当されるパターンが多いようである。

　なお、MRの日本型気動車はすべて「RBE2500形」や「RBE3000形」などでまとめられており、駅係員に「RBE形の時刻を教えてください(英語でのスピーチは必須)」と質問すれば教えてくれる。しかし、JR東海車が来るとは限らないが、稼働編成が一番多いので確率は高い。

運賃値下げで冷房サービス中止！

　ヤンゴン環状線の運賃が2015年12月に値下げされたことにより、車内に扇風機が付いているJR東日本車のキハ38形(1運用)とJR東海車のキハ47形・キハ48形(4運用)については、一律に冷房を止め、扇風機のみ使用の"非冷房車"扱いとした。

　そのため、前面・側面に貼られていた「特別列車(現地語表記)」のシールもはがされているが、残る冷房編成のJR東海車のキハ11形などについても、2016年5月9日をもって使用を中止し、冷房稼働が短期間で終了したのが惜しまれる。

この措置により、冷房車のＪＲ東海車も窓が一斉に開けられることになったが、ＪＲ東海ではキハ40系の冷房化改造と相前後し、2段式側窓の下段窓の錠を撤去し固定化していたため、上窓を下げただけでは車内に十分な風が入らず、かつ、現地で付加した冷房効果向上を狙ったスモークフィルムが上窓に貼られたままのため、上窓を下げると、ちょうど座席の旅客の目線位置に"目隠し"が現れる格好で、結果的に熱帯に位置する同国では車内が暑いうえ、景色が良く見えない車両などと不評をかっているらしい。

2016年1月に陸揚げされたキハ11-109ほか18両。運休中のティラワ港線の本線を留置線代わりに活用。工場入場前の待機時だが、現役時代には見られなかったキハ11形などの"堂々たる編成"はまさに珍景。ティラワ　2016年2月22日

運用路線の拡大

検査修繕や車両不調時の復旧体制が順次確立してきたことから、運用範囲の拡大も行われた。従来は基本的にヤンゴンエリア周辺での限定運用だったが、2016年6月からは、ヤンゴン－バゴー間の客貨混合ローカルがＪＲ東海のキハ48形5連に置き換えられた。同年夏からは、奥地の機関区にも配置されるようになり、稼働範囲は徐々に広がっている。

運休路線の本線が
工場入場待ちの留置線に

2016年度竣工予定分として同年1月に回着したＪＲ東海車18両(キハ11形7両、キハ40形6両、キハ48形5両)は、ティラワ港より陸揚げ後、運休中のティラワ港線の本線上で待機。18両全車を連結し、車両工場への移送を待っていた。

これらの車両が現役当時、紀勢本線や名松線を単行か2連で走っていた光景を知る者には、この"長大編成"はとても圧巻だった。

おわりに

ＪＲ各社によるキハ40系列の竣工は、まさに怒涛の勢いで、環状線では日本型気動車の追加投入による車種統一が進み、今後が期待される。拙稿作成にあたり、多数のＭＲ関係者各位には資料提供、撮影等で多大なるご協力をいただいた。誌面をお借し厚くお礼申し上げます。

(鉄道史学会会員)

かつてはJR東海の高山本線も走行した
マレーシア・ボルネオ島の元名鉄キハ8500系

名鉄8500系は、名鉄名古屋から犬山線経由でJR東海の高山本線に乗り入れる特急「北アルプス」として活躍。同列車は平成13年(2001)10月1日改正で廃止され、車両は福島県の会津鉄道へ譲渡。同じ車号で翌14年(2002)3月23日から「AIZUマウントエクスプレス」の名称で、JR東日本只見線直通の快速列車などに現役復帰した。しかし、同社での活躍も長くはなく、平成22年(2010)5月30日限りで後継ぎ車にバトンを渡し引退した。

会津鉄道で最後まで活躍したのはキハ8501〜8504の4両だが、オークションで8501号車と8504号車は那珂川清流鉄道保存会が、8202号車と8503号車は名古屋の個人が落札。このうち8502号車と8503号車は、平成24年(2012)年4月24日から会津若松市内の観光施設「やすらぎの郷 会津村」で静態保存されていたが、屋外展示のため車体の劣化が激しく、かつ同26年(2014)夏には施設側から設置契約の解除が通告された。

解体の危機が迫った2両だったが、国内・海外の商社を通じ、ボルネオ島の通称"東マレーシア"ことマレーシア領、サバ州立鉄道＝JKNSへの譲渡が決定。平成27年(2015)8月に搬出後陸送され、9月には横浜港からクアラルンプール港〜コタキナバル港を経由し、JKNSのキナルート車両基地に到着した。

まずはキハ8502号車より改軌(1067㎜→1000㎜)・整備工事を開始。5ヵ月後の2016年2月にはエンジン整備と車体改装が完成した。車体形状に変化はなく、現地車号も名鉄時代からのナンバーを踏襲し「8502」と命番。その後、JKNSへ正式に引き渡され、翌3月には試運転を実施した。

2016年5月からは8503号車の整備も始まっ

JKNS8502号車外観。車体塗色は前面と乗務員室付近はブルーにホワイト、客室側面はスカイグレーとグレーのツートンカラーに一新。名鉄時代のローマン書体の車号は撤去された

車内妻部のLED表示器は使用中止。座席は名鉄時代からのリクライニングシートのままだが、汚損防止のためシート全体を黒革製カバーで覆い、背面テーブルは使用中止とした。キナルート車両基地 2016年5月1日 写真：齊藤幹雄(2枚共、関係機関の許可を事前取得して撮影)

たが、同年10月17日から8502号車を使って、区間運転の臨時急行として暫定営業を開始。終着駅ではターンテーブルを使って方転させるが、2017年初頭をメドに8503号車と2両編成での運行を計画している。　　　　　(齊藤幹雄)

●サバ州立鉄道
JABATAN KERETAPI NEGERI SABAH
／略称「JKNS」
マレーシア領サバ州鉄道部が運営するボルネオ島唯一の鉄道で、マレー鉄道(KTM)からは独立した存在。州都・コタキナバル市内のタンジュン・アルから内陸部のボーフォートを結ぶ本線90.5㎞と、ボーフォートからコーヒーの産地のテノムまでのジョージ線49㎞の2路線がある。軌間1000㎜、全区間・単線非電化。

JR東海 快速電車のバラエティ

　今やJR東海は"名古屋の電車の雄"。名古屋都市圏では中部圏のゲートシティ＝名古屋を中心に、高水準のシティ電車サービスを提供している。

　東海道本線の豊橋－大垣間は毎時、快速4往復。中央本線（西線）の名古屋－多治見間は同3往復。関西本線の名古屋－四日市間では同2往復の運転。東海道本線の快速は、そのうち2往復が速達タイプの特別快速か新快速。関西本線は一部単線区間があるものの、昼間の快速は並行する近鉄特急と同じ停車駅で所要時間もほぼ同じ。各線ともスピーディーに疾駆し、韋駄天ぶりを発揮している。

　本章では地域密着のご当地企業、JR東海が誇る庶民派列車の目玉、快速電車のバラエティをカラーグラフでお楽しみいただこう。

東海道本線
武豊線

　両線とも快速（含む特別快速・新快速）の主役は313系5000番台だが、元祖313系0番台や最高時速120㎞運転の先駆者311系も補完として活躍。塒は伝統ある大垣車両区だ。

名古屋都市圏の東海道本線の名所、星越山の大築堤を疾駆する下り新快速313系8連（300番台2両＋5000番台6両）。三河大塚－三河三谷間　平成22年8月26日

313系5000番台は6両編成（固定）で東海道本線の快速をメインに活躍。まさにJR東海"快速電車の華"だ。同系使用の上り新快速6連。名古屋－尾頭橋間　平成19年11月17日

元祖313系0番台（4両編成）も同300番台（2両編成）を連結し"駿足仕業"を担当することもある。同6連の上り新快速（右）と先輩311系4連の下り普通（左）がすれ違う。大府－逢妻間　平成23年8月15日

元祖、時速120㎞運転の先駆者311系も時には速達列車で韋駄天ぶりを発揮する。同系4両＋4両の8連で快走する上り新快速。岐阜－木曽川間　平成28年2月25日

神領車両区が持で主に関西本線や武豊線、中央本線（西線）"山線"が職場の313系1300番台も、平日の朝は2両編成を3本つないだ6連で東海道本線の岐阜折り返し快速に活躍。6つのパンタグラフが圧巻だ。同上り快速。岐阜－木曽川間　平成28年2月25日

"名古屋の電車"の駿足ランナーの原点、311系トップナンバーG1編成が先頭の下り快速8連（4両＋4両）。枇杷島－五条川（信）間　平成28年3月16日

武豊線は平成27年3月1日に電化され、電車は東海道本線や中央本線（西線）などと共通運用されるようになった。明治の停車場のムードが漂う半田駅に停車中の上り区間快速武豊行き。311系4連。平成27年8月16日

東海道本線でも活躍する313系3000番台・特別快速仕業も！

飯田線をメインに活躍する313系3000番台（2両編成）の時は大垣車両区。通常は豊橋運輸区などに常駐するが、車両検修で本区に帰還する際は東海道本線で営業運転する。土休日は313系5000番台（6両）に増結され下り特別快速にも活躍

ボックスシートの313系3000番台。クモハ（Mc）は2基パンタで中間に入っても特異な存在だ。下り特別快速5113F

名古屋　平成28年2月21日（2枚共）

中央本線（西線）

名古屋－高蔵寺間は通勤通学輸送が凄まじく、オールロングシートの211系5000番台も快速に活躍。同線の列車は313系と211系5000番台との混結も多く、快速にも同編成が充当されることがある。

東濃の丘陵地を走る211系5000番台4両＋同3両＋313系1500番台3両をつないだ混結10連の下り快速。瑞浪－釜戸間　平成23年5月4日

今は思い出、313系3000番台も増結などで中央本線（西線）の快速に活躍した。313系3000番台（2両）＋313系1500番台（3両）＋211系5000番台（3両）で組成された上り快速8連。釜戸－瑞浪間　平成23年5月4日

313系8000番台は平日夕方の下り「ホームライナー瑞浪」（有料・乗車整理券必要）3本にも使用される。中扉は締切扱いとなる。名古屋　平成25年4月10日

「JRセントラルタワーズ」をバックに快走する313系8000番台3両＋3両を使用した下り中津川行き快速6連。同車は元「セントラルライナー」用で車内アコモのグレードが高い。大曽根－新守山間　平成25年10月26日

懐かしの通勤快速

JR東海にも中央本線（西線）に通勤快速が走っていた。平成2年3月10日改正で登場、朝夕に走る停車駅の少ないタイプだったが、同9年10月1日改正で快速に統合された。名古屋　平成8年2月13日

思い出の「セントラルライナー」

　かつて名古屋-中津川間には昼間、座席定員制列車「セントラルライナー」が走っていた。高速バスやマイカー対策の切札として、「ＪＲセントラルタワーズ」の開業に合わせ平成11年（1999）12月4日改正で登場。毎時2往復走る中津川快速のうち、1往復を速達タイプの同列車に格上げして着席を保証。名古屋-多治見間のみ乗車整理券を必要とし、車両は313系のデラックス仕様車8000番台が投入された。同車は第1次車として3両編成を4本用意し通常は3連、多客期には3両＋3両の6連で運用。しかし、タワーズ効果で大好評を博し、当初は6連で運行する日が多く予備車が不足。そのため急遽、特急形の383系か373系が代走することもあり、翌12年（2000）10月には第2次車2本が増備された。

　中央本線（西線）名古屋口では特急「ワイドビューしなの」で最高時速130km運転を実施しているが、平成19年（2007）3月18日改正で「セントラルライナー」も同130kmに引き上げられた。313系8000番台はＪＲ東海の近郊形電車で唯一、時速130kmの営業運転が認められた電車でもあった。

　その後はそれなりに利用客もあったが、時代の流れと料金制度の運用などで苦労したこともあり、平成25年（2013）3月16日改正で廃止。名古屋-中津川間は快速2往復体制に戻された。

ＪＲ東海"近郊形電車の華"だった313系8000番台使用の「セントラルライナー」。多客期には3両＋3両の6連で運行した。高蔵寺-定光寺間　平成23年5月4日

乗車整理券は晩年、号車・席番も記載されていた

313系8000番台も3扉車だが「セントラルライナー」運用時の中扉は締切とし、車内アコモも特急形に近く、落ち着いたムードを醸し出していた

営業最高速度は時速130km、定時運行の余裕時分確保のために設定されていた

383系が代走したのは平成12年春で、Ａ102編成4両＋Ａ201編成2両の6連で運行。グリーン車は締切扱いとし普通車のみ5両で営業した。瑞浪　平成12年3月18日

383系が特急「ワイドビューしなの」の増発・増結に使用される日は、快速「ムーンライトながら」の大垣電車区留置分373系3両編成1本が代走した。定光寺-高蔵寺間　平成12年5月3日

中央本線（西線）　159

関西本線

JR東海が管轄する名古屋－亀山間は直流1500Vで電化され、主役は313系1300番台。朝夕、夜間には211系0番台も使用され、いずれも快速・区間快速にも活躍中。また、名古屋－四日市(河原田)間にはキハ75形の快速「みえ」が走り、快速には電車と気動車が共演している。

快速電車の主役は3扉転換クロスシート装備の313系1300番台。昼間は2連、朝夕には2両+2両の4連で運転。下り亀山行き快速。白鳥(信)－弥富間　平成26年5月3日

JR東海の近郊形電車の最古参、211系0番台は関西本線で活躍を続けている。夜間の亀山行き区間快速に活躍中の海シンK51編成、211系0番台トップナンバーのクモハ211-1ほか4連。名古屋　平成28年8月24日

名古屋－四日市間は昼間、キハ75形の鳥羽快速「みえ」と313系1300番台の亀山快速が交互に走る毎時2往復体制だ。両列車の交換。桑名　平成23年5月19日

211系0番台　懐かしの優等仕業

昭和61年(1986)11月1日改正で登場した211系0番台は、4両編成2本の"少数派"(32頁参照)。国鉄時代は東海道本線の快速の目玉として活躍した。民営化後の平成元年(1989)3月11日改正で新快速運用にも就いたが、約1年半後にはローカル仕業がメインとなる。しかし、平成11年(1999)には最高時速120km対応の改造を受け、新快速運用をこなしたこともあった。

お宝写真の中から厳選した2コマをお目にかけよう。

名古屋市を中心とした地域で平成12年9月11～12日に起きた東海豪雨では、JR各線が被災した。東海道本線は13日に復旧したが車両のやりくりがつかず、211系0番台は4両+4両の8連で新快速運用に充当された。名古屋　平成12年9月13日　写真:村上 昇

平成12年3月11日改正で土休日のみ上り1本、大垣→豊橋間に新快速運用が復活し同18年8月まで運行。その後は同23年3月12日改正で約半年、岡崎→名古屋間に平日の朝下り1本の新快速運用があった。上り豊橋行き新快速。大垣　平成16年3月15日

関西本線の主役だった213系5000番台

　関西本線名古屋－亀山間の活性化を図るため、平成元年(1989)3月11日改正で登場したのが213系5000番台。同線の名古屋－四日市間は近鉄名古屋線が並行し、単線区間が多く、列車本数の少ないJRは敬遠されがちだった。そうした中で、当時の利用状況を踏まえながら開発されたのが、JR東海仕様の2両編成の"ロマンスカー"である。

　すでにJR東海でも近郊形電車は3扉車が主流になってはいたが、あえて2扉クロスシートにしたのは近鉄を意識した感があり、扉間には広幅の転換クロスシートを装備。同改正では名古屋－四日市間の普通を毎時1往復から2往復に増発し、前向きの姿勢を示した。

　長らく同線の主役として君臨したが、利用客が増えると2扉車は肩身が狭くなる。平成11年(1999)12月4日改正でワンマン運転も可能な313系3000番台が投入されると、朝夕・夜間の運用がメインとなる。ワンマン化は翌13年(2001)3月3日から昼間に実施されたが、213系はのち、トイレの新設や側扉の半自動化(押しボタン対応)などの改造を施し、平成23年(2011)11月27日から順次、飯田線へ転出した。

　本頁では快速にも活躍した213系5000番台の勇姿をご覧いただこう。

平成7年9月の大手私鉄運賃改訂でJRは近鉄より運賃が安くなる区間も増え、定期券利用客が急増。翌8年3月16日改正では、平日朝の上り快速に213系5000番台(パンタグラフは菱形)を3組連結の6連も登場した。永和－蟹江間　平成8年5月20日

213系5000番台(パンタグラフは菱形)2両に211系5000番台(ロングシート)3両を連結した混結5連も走っていた。上り名古屋行き快速。永和－蟹江間　平成8年5月20日

平成11年12月4日改正以降、213系5000番台(シングルアームパンタグラフに取り替え)は朝夕・夜間の運用がメインとなる。平日朝の上り区間快速に活躍する同系4連。井田川－加佐登間　平成22年10月6日

213系5000番台は平日の朝、東海道本線へ応援に出向き、岐阜発着の快速に3組を連結した6連で活躍した。上り名古屋行き快速。岐阜－木曽川間　平成20年8月13日

JR東海の
快速電車に活躍する車両たち

JR東海在来線の標準型電車となった313系。名古屋地区の東海道本線はオール転換クロスシート、6両編成（固定）の5000番台が快速電車の主力として活躍。同編成使用の米原から名古屋方面に直通する上り快速。垂井－南荒尾（信）　平成28年2月27日

　JR東海の在来線（直流1500V電化区間）で活躍する電車のうち、幹線系の快速運用に就いている系列は211系、311系、313系（一部番台を除く）である。以下、平成28年（2016）4月1日現在の各系列のプロフィールをまとめてみた。

211系

　国鉄の新性能近郊形電車113系の後継車として、昭和60年（1985）に登場した新しい近郊形が211系。ステンレス車体の3扉車でボルスタレス台車、界磁添加励磁制御など当時の国鉄の技術を集積して開発された。首都圏では東海道本線の東京口をトップに、名古屋鉄道管理局（名鉄局）でも翌61年（1986）に同線の快速用として登場。首都圏用は2M3Tの5両が基本だが、名鉄局用は2M2Tの4両が基本で、JR東海には民営化移行前の国鉄末期に投入された0番台と、民営化後に投入された5000番台・6000番台が在籍する。

①0番台

　昭和61年（1986）11月1日の国鉄最後のダ

関西本線で余生を過ごすJR東海在来線車両の最古参211系0番台。クモハ211形の0番台はJR東海のみに在籍。下り亀山行き快速。八田　平成23年10月10日

イヤ改正で登場。Mc＋M'＋T＋Tc'の4両編成を2本投入。クモハ211形の0番台は国鉄初で、民営化後もこの2両のみとなっている。座席はセミクロスシートでクロス部はボックス型、名鉄局用は一部を地域仕様にマイ

ナーチェンジし、首都圏用が"湘南色"の帯に対し青帯になったのが特色（32頁参照）。しかし、この青帯は昭和63年（1988）12月に"湘南色"化された。

かつては"民営国鉄"の目玉として東海道本線の快速に活躍、平成元年（1989）3月11日改正では新設の新快速にも投入された。だが、平成2年（1990）3月10日改正で311系の増備車が運用に就くと、117系とともに新快速運用から撤退。平成11年（1999）には最高時速120km対応の改造を受けたが、同年には313系も登場し、ローカル仕業が目立つようになる。そして、平成23年（2011）9月には活躍の舞台を関西本線に移し、朝夕・夜間をメインに、名古屋-亀山間の区間快速などで余生を過ごしている。現在の塒は神領車両区。ＪＲ東海の在来線車両では最古参の存在だ。

②5000・6000番台

民営化後の昭和63年（1988）、ＪＲ東海は0番台をベースに改良を加えた5000番台を登場させた。利用客が急増している中央本線（西線）のラッシュ輸送にも対応できるよう、座席はロングシート化した。Mc＋M'＋T＋Tc'の4両編成とMc＋M'＋Tc'の3両編成があり、当初は短距離運用をメインにしたためトイレ付き車両は存在しなかった。

補助電源システムに静止型コンバータを採用。増備が進むにつれバリエーションも増えた。トイレ付きTc'車の5300番台や低屋根のMc車5600番台、さらに静岡地区限定だが、1Ｍ方式のMc車6000番台（Mc＋Tcの2両編成、クハ210形は5000番台）も登場した。いずれも313系と併結運転が可能である。

名古屋地区用は神領車両区の配置で中央線と関西本線で活躍、快速運用もある。静岡地区用は静岡車両区の配置で東海道本線をメインに、6000番台は御殿場線にも入線できる。

211系0番台は4両編成2本の"少数派"。座席はセミクロスシートでクロス部はボックス型。クハ210形0番台は既存車からの追番。上り名古屋行き快速。関西本線 加佐登-河曲間　平成23年10月19日

名古屋地区での211系5000番台のメイン運用路線は中央本線（西線）。211系5000番台3両と313系1500番台3両を併結した中央本線下り瑞浪行き快速6連。多治見-土岐市間　平成25年6月11日　写真：加藤弘行

311系

311系はJR東海在来線の時速120km運転の先駆車、ごくわずかだが現在も新快速運用が残っている。東海道本線上り浜松行き新快速311系8連。五条川（信）－枇杷島間　平成28年2月29日

　平成元年(1989)7月、最高時速120km運転を目玉に東海道本線の新快速用として登場したのが311系。211系5000番台をベースに種々改良を施した4両編成(Mc＋M'＋T＋Tc')で、転換クロスシート、LED式車内情報装置、カード式公衆電話など、JRグループの料金不要車両では高水準の設備を誇った。同年7月9日の名古屋の副都心、金山総合駅開設に絡む東海道本線金山駅開業に伴うダイヤ改正で1次車5本、同年中に2次車5本、翌2年(1990)には3次車2本の総勢15本60両が投入された。

　登場後、約11年間は新快速の看板車両として君臨したが、平成11年(1999)に後継車の313系が登場するとローカル運用が目立ってきた。しかし、現在も本数は少ないが新快速運用が残り、往時を彷彿させる。塒は大垣車両区、東海道本線・武豊線などで活躍している。

お宝写真　211系0番台と311系の混結8連

　211系0番台は平成11年(1999)に最高時速120km対応の改造を受け、311系との併結運転も可能になった。それは平成19年(2007)頃から普通列車で実現したが、長くは続かなかった。東海道本線下り大垣行き普通、211系0番台4両＋311系4両の8連。

木曽川－岐阜間　平成20年8月13日

313系

　313系は"平成のスタンダード"ともいえるJR東海の標準型電車である。平成10年度に1次車が登場して以来、老朽車の取り替えを踏まえ大量に増備され、平成26年度の5次車の登場で総勢539両の大世帯となった。現在、大垣車両区に276両、神領車両区に136両、静岡車両区に127両が配置され、JR東海電化区間の全線で活躍している。

　車体は軽量ステンレスで、運転室部分は鋼鉄製。前照灯は腰板部と貫通扉上部に設置。大容量のVVVF制御を搭載し、高性能インバータ1基でモーター2基を制御。動力車と非動力車の両数比率(MT比)は1：1で、3両編成では中間電動車のモハ313形はクモハ313形側の台車だ

313系0番台。4両編成を2本連結した8連で上り浜松行き新快速に活躍する勇姿。東海道本線 関ケ原－垂井間　平成23年10月26日

けが電動台車である。ブレーキ装置には高性能な電力回生ブレーキを採用している。

座席配置は5タイプ、側窓の窓割りは3タイプだが、主な構造は全タイプ共通。座席は転換クロスシート車、ボックスシート車、ロングシート車の3タイプがあり、座席定員制のライナー列車（中央本線〈西線〉の「ホームライナー」）にも使用可能な8000番台は、車内アコモがグレードアップし、座席も特別仕様の転換クロスシートを装備している。

なお、3次車以降は火災対策の強化、前照灯の高輝度ハロゲンランプ化、前面・側面表示器のLED化、使用路線による装備の差などで別番台となった。

313系のバリエーション

313系は座席配置、編成両数で番台が異なる。以下、各番台を座席配置別に分類し、配置区（大垣車両区＝垣、神領車両区＝神、静岡車両区＝静）と主要運用線区をまとめてみた。なお、東海道本線で〈静〉の付加は静岡地区用。

◆転換クロスシート車（車端部はボックスシートまたは転換クロスシート）

①0番台

転換クロスシートを装備した4両編成。ドアに隣接したシートは固定式で、車端部は4人掛けボックスシート。（垣：東海道本線・武豊線）

313系のすれ違い。右は313系300番台2両編成（前）と313系4両編成（後）を連結した下り大垣行き新快速6連。左は313系0番台4連の上り豊橋行き普通。東海道本線 安城－西岡崎間　平成23年4月10日

②300番台

0番台の2両編成タイプ。転換クロスシート装備、車内の配置は0番台と同じ。（垣：東海道本線）

③5000番台

マイナーチェンジした313系の"決定版"。車端部を含む全座席が転換クロスシートの6両編成（固定）。不快な前後動を抑えるため、車両間の裾部に車体間ダンパを設置。先頭車にはセミアクティブ制振制御装置を搭載。下り方2両目のモハ313形と5両目のサハ313形の車号は5300番台。（垣：東海道本線）

快走する313系5000番台6連。上り豊橋行き快速。東海道本線　大高－南大高間　平成23年3月22日

④5300番台

5000番台の2両編成タイプ。車端部を含む全座席が転換クロスシート、車内の配置も5000番台と同じ。(垣：東海道本線)

◆扉間は転換クロスシート・車端部はロングシート

⑤1000番台

セミクロスシートの4両編成、クハ312形の車号は0番台。(神：中央本線・東海道本線・武豊線)

⑥1100番台

1000番台のマイナーチェンジ車で4両編成、クハ312形の車号は400番台。(垣・神：中央本線・東海道本線・武豊線)

⑦1300番台

1100番台の2両編成タイプ、セミクロスシート。一部ワンマン仕様。Mcのパンタグラフは2基搭載(神：中央本線・関西本線・東海道本線・武豊線)

⑧1500番台

1000番台の3両編成タイプ、セミクロスシ

関西本線名古屋口の快速や普通に活躍する313系1300番台。永和　平成28年10月7日

ート。クハ312形は0番台を連結。(神：中央本線・関西本線)

⑨1600番台

1500番台のマイナーチェンジ車で3両編成、セミクロスシート。クハ312形は400番台の追番。(神：中央本線・関西本線)

⑩1700番台

1500番台の寒冷地対応車でセミクロスシートの3両編成。急勾配区間での空転対策設備や発電ブレーキを装備、Mcのパンタグラフは2基搭載、押しボタン式半自動扉対応。クハ312形の車号は400番台。(神：飯田線・中央本線〈東線〉・篠ノ井線・関西本線)

中央本線(西線)名古屋口の快速は313系各番台を連結した編成が走ることもある。313系1500番台3両＋同1600番台3両＋同1000番台4両を連結した上り名古屋行き快速10連。釜戸－瑞浪間　平成19年7月8日　写真：加藤弘行

◆扉間は転換クロスシート・車端部はボックスシートでセンターテーブル付き

⑪8000番台

313系のデラックスバージョンで3両編成。座席定員制のライナー列車用に開発され、車体塗色も異なる。客室は扉部の踊り場前後に半開放式のパーティションを設置。扉間は転換クロスシートだが、座席はほかの番台より背もたれが高くシートピッチも広い。車端部はテーブル付きの4人掛けボックスシートで個室の趣。クモハ313形とモハ313形は8500番台を付番。(神：中央本線)

◆扉間は4人掛けボックスシート・車端部はロングシート

⑫3000番台

扉間は4人掛けボックスシートを各2組配置。原則ローカル線用のワンマン対応2両編成。乗務員室仕切壁には運賃箱設置用の窓があり、仕切扉上部には運賃表を設置。回生ブレーキの効果が望めない路線を走るので発電ブレーキも併用。ボックスシートと扉間、車端部はロングシート。パンタグラフは1基から2基へ増設。(垣・静：飯田線・東海道本線／身延線・御殿場線・東海道本線〈静〉)

⑬3100番台

3000番台のマイナーチェンジ車で、ワンマ

乗り得車両、ライナー用特別仕様車313系8000番台3両＋同3両の6連で走る下り中津川行き快速。中央本線 大曽根－新守山間 平成25年11月3日

ン対応の2両編成。車内アコモは3000番台と同じ。パンタグラフは2基搭載。(静：身延線・御殿場線・東海道本線〈静〉)

◆座席はオールロングシート

⑭2500番台

車体は3000番台と類似したロングシート車で3両編成。側窓はボックスシート車と同じ広窓。クハ312形は2300番台の追番。(静：東海道本線〈静〉)

⑮2600番台

2500番台を"山線"用にしたロングシート車で3両編成。発電ブレーキ付き。クハ312形は2300番台の追番。(静：身延線・御殿場線・東海道本線〈静〉)

⑯2300番台

2600番台と同タイプの2両編成。ワンマン準備車。(静：身延線・御殿場線・東海道本線〈静〉)

⑰2350番台

2300番台と同じ2両編成。ワンマン準備車でパンタグラフは2基搭載(うち1基は霜取り用)。クハ312形は2300番台の追番車。冬季は身延線・御殿場線で限定運用。(静：身延線・御殿場線・東海道本線〈静〉)

名古屋地区用313系3000番台は現在、大垣車両区所属。飯田線をメインに活躍しているが、検修の入出庫を兼ね東海道本線でも営業運転する。下り大垣行き特別快速の前部に増結された同番台2両、後ろに313系5000番台6両を併結の8連。名古屋 平成28年2月21日

お宝写真　懐かしの中央本線（西線）近郊電車

　名古屋都市圏で初めて3扉近郊形の国電が走ったのは中央本線（西線）だった。昭和41年（1966）7月1日の名古屋－瑞浪間の複線電化で、首都圏からやってきたスカ形70系電車は、それまでの2扉デッキ付き"汽車型"80系電車とは異なり、名古屋に都会の旋風を巻き起こした。以来、同線は沿線の宅地化が進み典型的な都市近郊線に成長。その半世紀のメモリアルの中から、懐かしのお宝写真をご覧いただこう。

70系には80系の旧サロ（1等車→グリーン車）格下げの2扉車サハ85形を組み込んだ編成もいた。多治見駅を発車した同編成6連。昭和44年5月25日

70系は"中央線の顔"。朝夕の輸送力列車には基本6両編成に付属4両編成を連結した堂々10連も走り通勤通学輸送に活躍した。新守山ー大曽根間　昭和53年8月22日

サハ85形はのち3扉に改造されたが、座席はサロ時代のままで"乗り得車両"だった。サハ85103号車。名古屋　昭和58年8月22日

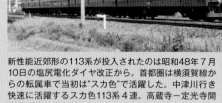

新性能近郊形の113系が投入されたのは昭和48年7月10日の塩尻電化ダイヤ改正から。首都圏は横須賀線からの転属車で当初は"スカ色"で活躍した。中津川行き快速に活躍するスカ色113系4連。高蔵寺ー定光寺間　昭和48年7月10日

「セントラルライナー」用車両が不足すると特急形373系3連が代走したこともあった。雪原を走る373系も貴重なヒトコマである。下り中津川行き「セントラルライナー」。釜戸ー武並間　平成13年1月14日　写真＝加藤弘行

民営化後、昼間に座席定員制のライナー列車が設定されたのは中央本線（西線）だった。313系8000番台6連の上り「セントラルナー」と313系1000番台ほか6連の下り普通のすれ違い。定光寺ー高蔵寺間　平成19年1月7日　写真＝加藤弘行

東海の快速列車120年
名古屋都市圏 快速列車および関連略史

　国鉄時代を含め名古屋都市圏での料金不要の速達列車は、明治29年(1896)9月1日に登場した官設鉄道の急行列車(新橋－神戸)が嚆矢である。当時、急行料金は不要。しかし、明治39年(1906)4月16日に急行料金の制度ができると、翌年には普通列車が一部の駅を通過する速達サービスを開始。これをベースに戦時中の休止期間を経て、今日の快速サービスへと発展した。

　平成28年(2016)は「名古屋の鉄道 快速運転120年」を記念する節目の年。本章では名古屋都市圏の東海道本線、中央本線(西線)、関西本線の快速列車のメモリアルを年表にまとめてみた。なお、117系関連は76～77頁、快速「みえ」関連は140頁をご覧ください。

東海道本線

明治19年(1886)3月1日
武豊－熱田間に鉄道開通。中山道鉄道支線半田線。愛知県下初の鉄道で"武豊線"と呼称。同年4月1日には清洲(現:五条川信号場付近)まで延長

明治19年(1886)5月1日
"武豊線"を清洲(同)から一ノ宮(現:尾張一宮)まで延長。熱田－清洲間に名護屋駅が開業

明治19年(1886)7月19日
東京－神戸間の東西幹線鉄道ルートを中山道経由から東海道経由に変更を発令

明治20年(1887)4月25日
名護屋を「名古屋」に駅名改称

明治22年(1889)7月1日
東西幹線鉄道の新橋－神戸間が御殿場経由で全通

明治28年(1895)4月1日
官設鉄道の路線名称制定で新橋－神戸間は東海道線となる

明治29年(1896)9月1日
東海道線の新橋－神戸間に初の急行列車を新設。料金不要(40哩＝約64km以上乗車の場合のみ乗車券を発売)で現代の「快速」に相当。豊橋－名古屋間は3駅(熱田・大府・岡崎)停車で所要1時間48分(普通は2時間)、名古屋－岐阜間はノンストップで所要43分(普通は約60分)。東海地方の快速列車のルーツ

明治39年(1906)4月16日
東海道線の新橋－神戸間に最急行(のちの特急)を新設。急行料金の制度がスタート

明治40年(1907)3月16日
新橋－下関間の普通列車(夜行)が浜松以西で一部の駅を通過し、料金不要で速達運転を開始。名古屋－岐阜間は一ノ宮(現:尾張一宮)停車で50分

明治42年(1909)10月12日
国有鉄道の路線名称制定で新橋－神戸間は東海道本線、大府－武豊間は武豊線

明治45年(1912)6月15日
新橋－下関間に特別急行(特急)を新設。最急行を区間延長し格上げ

大正3年(1914)12月20日
日本の鉄道の中央停車場として東京駅が開業。東海道本線は東京が起点に

大正15年(1926)8月15日
東京－名古屋間、名古屋－神戸間に普通の速達列車新設。料金不要。同列車は"準急"と呼称

昭和4年(1929)9月15日
東京－下関間の特急を「富士」・「櫻」と命名。列車愛称のルーツ

昭和5年(1930)10月1日
豊橋－名古屋間に列車種別は普通だが通過駅がある速達列車(料金不要)を3往復新設、最速70分(岡崎・刈谷・熱田に停車)と特急並み(ノンストップ59分)。名古屋－大垣間にも同じ性格の速達列車を4往復新設、名古屋－岐阜間は最速約30分(尾張一宮に停車)。いずれも名鉄の前身、愛知電気鉄道豊橋線と名岐鉄道名岐線への対抗策。当時の時刻表に"快速"の記載なし。東京－神戸間に特急「燕」を新設

昭和9年(1934)12月1日
丹那トンネルの完成で東海道本線を熱海経由に変更、国府津－沼津間は御殿場線に改称。普通列車で通過駅がある速達タイプの運転本数と停車駅を見直す。名古屋－大垣間は枇杷島・稲沢停車も新設。豊橋－名古屋間のそれは東京直通1往復を除き廃止

昭和18年(1943)10月1日
戦時体制強化で、長距離夜行列車の深夜通過を除き

普通列車の速達タイプは全廃

昭和25年（1950）10月1日

豊橋−大垣間に普通列車の速達タイプが復活。豊橋−名古屋間5往復で最速71分（名鉄特急同約80分）、名古屋−大垣間8往復（うち6往復は同年6月から夏期臨時列車で運転）で名古屋−岐阜間は最速36分（名鉄特急同44分）。いずれも名鉄名古屋本線"東西直通特急"への対抗策。停車駅＝豊橋・蒲郡・岡崎・刈谷・熱田・名古屋・※稲沢・尾張一宮・※木曽川・岐阜（※一部停車）。時刻表に"快速"の記載はないが、一部列車で客車に"快速列車"のテールマークを掲出。"快速"の呼称が一般化

昭和30年（1955）7月6日

豊橋−大垣間の快速列車の一部を新製80系湘南形電車に置き換え。7月11日からは全列車を電車化。ダイヤは客車列車時代と同じ

昭和30年（1955）7月20日

稲沢−米原間の電化が完成。電車運用区間を関ケ原まで延長、ローカル列車を大増発。電車列車は各駅停車でもスピードが速いため快速運転を廃止

昭和30年（1955）10月1日

名古屋都市圏の東海道本線ローカル列車を電車化

昭和46年（1971）4月26日

豊橋−大垣間に快速が復活。豊橋−名古屋間3往復・最速64分、名古屋−大垣間1往復・同25分。豊橋−大垣間通しの快速は下り1本のみ。主に80系湘南形電車で運転。停車駅＝豊橋・三河三谷・蒲郡・岡崎・安城・刈谷・大府・熱田・名古屋・尾張一宮・岐阜・穂積・大垣

昭和47年（1972）3月15日

豊橋（浜松）−大垣間に快速列車を大増発。昼間は停車駅の少ない"ブルー快速"を毎時1往復運転。朝夕には停車駅を増やした通勤快速タイプの"オレンジ快速"を運転。車両は急行形153系を投入。豊橋−名古屋間最速54分、名古屋−岐阜間は同23分で名鉄特急より3分速い。停車駅は豊橋・※三河三谷・蒲郡・岡崎・安城・刈谷・大府・※共和・※熱田・名古屋・※稲沢・尾張一宮・岐阜・大垣（※は"オレンジ快速"のみ停車）

昭和53年（1978）3月24日

浜松−米原間で80系湘南形電車引退。翌日、名古屋−大垣間で"さよなら運転"実施

昭和57年（1982）2月20日

名古屋駅で"東海ライナー"こと117系の展示会を20・21日に実施。両日とも一般公募の試乗会を名古屋−大垣、名古屋−蒲郡間で行い、20日は蒲郡行き試乗列車で発車式を挙行。同年3月10日から浜松−大垣間で暫定営業を開始

昭和57年（1982）5月17日

豊橋（浜松）−大垣間の快速に117系を本格導入、毎時1往復運転。停車駅は豊橋・三河三谷・蒲郡・岡崎・安城・刈谷・大府・共和・熱田・名古屋・稲沢・尾張一宮・岐阜・穂積・大垣

昭和60年（1985）3月14日

岡崎−大垣間でローカル列車を増発。大府−大垣間は毎時、快速1往復・普通3往復に

昭和61年（1986）11月1日

国鉄最後のダイヤ改正。東海道本線に新製211系0番台を4両編成2本投入、ローカル列車を増発し岡崎−大垣間は原則、毎時6往復体制（※快速2・普通4）。※豊橋−大垣間全区間快速（青）、豊橋−岡崎間各停の快速（緑）の毎時各1往復。停車駅＝豊橋・三河三谷・蒲郡・岡崎・安城・刈谷・大府・共和・熱田・名古屋・稲沢（緑のみ停車）・尾張一宮・岐阜・穂積・大垣。117系の先頭車18両を新造増備し6両編成9本を4両編成18本に変更。東海道本線と中央本線の快速に117系を共通運用し、愛称を「シティライナー」に統一

昭和62年（1987）4月1日

国鉄分割民営化、中部地方の国鉄各線は東海旅客鉄道（ＪＲ東海）と西日本旅客鉄道（ＪＲ西日本）になる

昭和63年（1988）3月13日

ＪＲグループ初のダイヤ改正。名古屋地区の東海道本線に初のホームライナー、「ホームライナーながら」を名古屋−大垣間に新設。毎週、水・木曜日の12時前後にあった"保線運休"を廃止

昭和64年／平成元年（1989）3月11日

昼間に毎時、新快速を蒲郡（岡崎）−大垣間に2往復新設。快速（青）・快速（緑）各1往復を合わせ「快速」は毎時4往復に。普通電車に211系5000番台を投入。「4・4ダイヤ」〈快速4（含む新快速2）・普通4〉が実現。快速（青）は熱田通過となる

平成元年（1989）7月9日

熱田−名古屋間に東海道本線の金山駅を新設し全「快速」が停車、ＪＲ東海・名鉄・名古屋市営地下鉄が集まる金山総合駅（駅名は金山）が開業。ダイヤ改正で新快速の一部に311系を投入し時速120km運転を開始。名古屋以東に初のホームライナー「ホームライナー岡崎」を新設

平成2年（1990）3月10日

平日・休日ダイヤ制を導入。311系の増備車を投入し新快速の運転区間を豊橋−大垣間に拡大。新快速

は原則として311系化。豊橋口では昼間、新快速2往復・快速4往復・普通2往復の「4・2ダイヤ」とし名鉄特急に対抗。117系・211系0番台は新快速の定期運用が消滅。ホームライナーの東端を蒲郡まで延長。武豊線直通列車(気動車)は原則、東海道本線内を快速化。快速(緑)も熱田通過となる

平成3年(1991)3月16日
土曜日を休日ダイヤとする。平日朝に岐阜発着の快速を新設。夜間にも新快速を運転。昼間は毎時、快速(緑)を豊橋−大垣間全区間快速(青)に昇格させ、豊橋−岡崎間に普通1往復を増発。新快速は311系、快速は117系(一部211系0番台)に統一。停車駅(無印=新快速、△快速、※快速の一部停車)=豊橋・△三河三谷・蒲郡・岡崎・安城・刈谷・大府・△共和・金山・名古屋・※稲沢・尾張一宮・岐阜・△穂積・大垣。新快速は豊橋−名古屋間最速48分運転にスピードアップ

平成8年(1996)3月16日
名古屋−岐阜間の普通が最速24分に。「快速」と普通の緩急連絡を刈谷と岐阜に統一。ホームライナーの東端を豊橋へ延長し「ホームライナー豊橋」を新設、快速「ムーンライトながら」〜飯田線の特急「伊那路」新設に伴う運用間合いで373系を投入

平成11年(1999)5月10日
キハ75形を増備、200・300番台とワンマン対応の400・500番台を新造。武豊線でも運用開始しキハ40系との置き換えが加速

平成11年(1999)6月1日
313系の運用を拡大。0番台が登場し東海道本線の新快速に順次投入

平成11年(1999)12月4日
ダイヤ改正。朝夕を中心に特別快速(大府通過)を新設し、同時間帯の快速は新快速とする。特別快速の一部は飯田線へ直通。岡崎以東は各駅に停車する快速を「区間快速」と改称。快速(含む新快速・特別快速)の岐阜以西は各駅停車とし普通を削減。昼間の新快速・快速は原則313系を使用。211系0番台も時速120km対応に。幸田に新快速と快速の一部が停車。武豊線のキハ75形が本格稼働、線内に通過駅がある快速を朝の下り(大府方面)のみ新設。線内各停の東海道本線直通快速は「区間快速」と改称。名古屋地区から113系のJR東海車が消える。昼間の大垣−米原間は毎時、1往復から2往復に増発

平成11年(1999)12月20日
名古屋駅の新駅ビル、「JRセントラルタワーズ」が完成し竣工式を挙行

平成12年(2000)9月11〜12日
東海豪雨でJR線がマヒ。暫定ダイヤで117系・211系0番台の特別快速が走る

平成13年(2001)10月1日
特別快速・新快速をスピードアップ。土休日の特別快速は豊橋−名古屋間で最速45分に短縮

平成18年(2006)10月1日
特別快速・新快速・快速を4両から6両に増結、6両編成(固定)の313系5000番台を投入。特別快速の飯田線直通を中止

平成21年(2009)3月14日
夜行快速「ムーンライトながら」(東京−大垣・全車指定席)を臨時列車化し、JR東日本田町車両センターの183・189系に置き換え

平成22年(2010)3月13日
運転時間等の見直しで、昼間の新快速の所要時間が少し延びる。標準は名豊間50分、名岐間20分

平成23年(2011)3月12日
武豊線に新型気動車キハ25形を投入、線内ローカルと名古屋直通快速に使用開始

平成23年(2011)8月15日
313系3000番台(ワンマン仕様車)が神領車両区から大垣車両区へ転属開始。飯田線で使用のため翌年3月まで完了

平成24年(2012)3月17日
大垣車両区の313系3000番台と213系5000番台が飯田線で本格運用に就く。313系3000番台を使用し飯田線の豊橋−中部天竜間と"美濃赤坂線"の大垣−美濃赤坂間でワンマン運転を開始。313系3000番台は入出庫の都合で東海道本線でも使用

平成25年(2013)3月16日
117系の一般仕様車が運用を離脱。名古屋以東(〜豊橋)のホームライナーを廃止し、373系は「ホームライナー豊橋」や大垣−米原間の普通列車の運用も消滅。静岡車両区の373系は名古屋地区から撤退。飯田線の特急「伊那路」への送り込みは、浜松−豊橋間の普通列車に変更

平成25年(2013)12月(冬季)〜
夜行快速「ムーンライトながら」の車両をJR東日本大宮総合車両センターの185系に置き換え

平成27年(2015)3月1日
武豊線の電化完成。同線直通と線内列車を電車化

平成28年(2016)3月26日
「ホームライナー」の運転区間を名古屋−大垣間に短縮。JR西日本からの直通列車を廃止し、米原で運転系統を完全分割

中央本線（西線）

明治29年(1896)7月25日
官設鉄道の多治見–名古屋間（のちの中央本線）が開通

明治44年(1911)5月1日
中央東線の宮ノ越–中央西線の木曽福島間が開通し、昌平橋（東京）–名古屋間が全通

昭和25年(1950)10月1日
中距離通勤客を対象に朝の上り1本、多治見–勝川間の各駅を"特別通過"する普通列車を新設、坂下5時30分発→名古屋着8時04分の614列車

昭和41年(1966)7月1日
名古屋–瑞浪間の複線電化が完成（一部は5月14日から電気運転）。70系電車運転開始。通勤客向けの普通列車の"特別通過"を止め各駅停車に変更

昭和43年(1968)8月16日
瑞浪–中津川間の電化と一部区間を除く複線化が完成。名古屋–中津川間に1往復（下り夕方・上り朝）の電車快速を新設、大曽根–多治見間ノンストップ

昭和46年(1971)4月26日
大曽根–多治見間ノンストップの中津川快速を3往復に増発、下りは夕方・上りは朝の運転だが、下り1本のみ昼間（名古屋発13時20分）に運行

昭和47年(1972)3月15日
客車・気動車で運行する普通列車の一部が新守山・定光寺・古虎渓を"特別通過"、名古屋–多治見間の到達時分を短縮したが、時刻表に快速の記載はなし

昭和48年(1973)5月27日
中津川–塩尻間の電化完成

昭和48年(1973)7月10日
中津川–塩尻間と篠ノ井線の電化完成に伴うダイヤ改正で名古屋–中津川間に昼間、毎時1往復の快速を新設し新性能近郊形113系を投入。停車駅は名古屋・千種・大曽根・勝川・高蔵寺・多治見からの各駅で通称"ブルー快速"。ラッシュ時には大曽根–多治見間ノンストップの"オレンジ快速"を朝上り3本・夕方下り3本運転

昭和53年(1978)10月2日
春日井が昼間の快速停車駅に昇格。朝夕の大曽根–多治見間ノンストップ快速を廃止し各停化

昭和53年(1978)12月17日
名古屋口から70系電車（神領区）引退、上り快速3730Mが最後の花道に

昭和55年(1980)3月23日
中央本線（西線）・篠ノ井線の名古屋–聖高原間で活躍した神領区の80系湘南形電車が引退。"さよなら運転"を名古屋–中津川間で実施。同区への配置は昭和45年から

昭和60年(1985)3月14日
昼間は毎時、快速1往復（中津川）・普通4往復（高蔵寺2・多治見1・瑞浪1）の"国電型ダイヤ"となる

昭和61年(1986)11月1日
国鉄最後のダイヤ改正。民営化移行ダイヤで快速を増発。昼間は毎時、快速2往復（中津川1・瑞浪1）・普通4往復（高蔵寺1・多治見2・瑞浪1が基本）とし名古屋口は10分ごと。朝夕に快速設定はなし。快速に117系投入、東海道本線と共通運用

昭和62年(1987)3月23日
名古屋→中津川間に東海地方初の「ホームライナー」を新設。平日の下りのみ中津川行きで運転、特急形電車を使用し、乗車整理券が必要。停車駅は大曽根までの各駅と多治見・土岐市・瑞浪・恵那・中津川

昭和62年(1987)4月1日
国鉄分割民営化、JR東海が発足

昭和63年(1988)3月13日
名古屋–高蔵寺間で普通を増発。昼間は毎時、快速2往復・普通5往復の"2・5ダイヤ"となる。朝夕にホームライナーを増発

昭和64年／平成元年(1989)3月11日
快速を211系5000番台化し、等時隔30分ごとにする。117系は中央本線（西線）の快速から撤退

平成元年(1989)7月9日
金山総合駅の開業で、金山が快速停車駅に昇格

平成2年(1990)3月10日
昼間の瑞浪（釜戸）折り返しの快速を中津川まで延長。中津川快速は昼間～夕方まで毎時2往復運転。朝夕ラッシュ時に新種別の「通勤快速」を1往復新設。上りは朝・下りは夕方に運転、停車駅は名古屋・金山・千種・大曽根・多治見からの各駅。夕方に快速も増発。朝夕にホームライナーを増発し、キハ85系による太多線直通の「ホームライナー太多」も1往復新設

平成3年(1991)3月16日
通勤快速を増発。名古屋発快速を朝8時台から運転。高蔵寺折り返しの普通の一部を多治見まで延長

平成9年(1997)10月1日
快速を増発し名古屋口では昼間、快速と普通が毎時、各4往復の「4・4ダイヤ」となる。なお、朝は「4・8」、夕は「3・6」。鶴舞が快速停車駅に昇格。

通勤快速を廃止し快速に統合

平成11年(1999)5月6日
名古屋−中津川間に新鋭313系(1000番台)を投入

平成11年(1999)7月15日
中津川−松本間の普通に313系3000番台を投入、165系と置き換え

平成11年(1999)12月4日
名古屋−中津川(瑞浪)間の快速1往復を新設の座席定員制「セントラルライナー」(名古屋−多治見間は有料・乗車整理券必要)に格上げ。昼間は毎時、「セントラルライナー」1往復・快速3往復・普通4往復の「1・3・4ダイヤ」となる

平成13年(2001)10月1日
瑞浪始発の上り「セントラルライナー」2本を中津川始発とする

平成17年(2005)3月1日
「愛知万博」アクセス列車「エキスポシャトル」の運転開始。名古屋と会場最寄駅、愛知環状鉄道の万博八草を高蔵寺経由で結ぶ。快速も設定

平成17年(2005)10月1日
「愛知万博」で利用した高蔵寺駅の愛知環状鉄道連絡線を活用し同鉄道直通列車を定期化。万博八草駅を元の駅名の八草に戻す

平成19年(2007)3月18日
313系8000番台を使用する「セントラルライナー」が時速130km運転を開始

平成20年(2008)3月15日
昼間の普通を毎時1往復増発し、「セントラルライナー」1往復・快速3往復・普通5往復となる

平成24年(2012)3月17日
「ホームライナー太多」を廃止し太多線〜中央本線(西線)直通列車が消える。中津川以北で313系1300番台が本格運用に就く。愛知環状鉄道直通列車の土休日の運転を中止

平成25年(2013)3月16日
座席定員制列車「セントラルライナー」を廃止、捻出の313系8000番台は中津川快速や、平日夕方の下り「ホームライナー瑞浪」3本などに投入。昼間の快速は毎時、中津川2往復・瑞浪1往復となる

平成26年(2014)3月15日
愛知環状鉄道直通列車は平日の朝夕のみとし、昼間の列車は廃止

関西本線

明治28年(1895)5月24日
関西鉄道(現:関西本線)の前ヶ須(現:弥富)−名古屋間が官鉄の名古屋駅に乗り入れ

明治31年(1898)11月18日
関西鉄道が大阪に乗り入れ、名古屋−網島(大阪)間に直通急行を新設。急行は料金不要で事実上は"快速"だった

明治33年(1900)6月6日
関西鉄道が大阪鉄道(初代)を吸収合併し大阪の湊町(現:JR難波)へ乗り入れ、同年9月1日には名古屋−湊町間を本線とする。現在の関西本線を形成

明治40年(1907)10月1日
関西鉄道、参宮鉄道などを政府が買収し官設鉄道に一元化。急行廃止

明治42年(1909)10月12日
国有鉄道の路線名称制定で名古屋−湊町間は関西本線となる

昭和4年(1929)9月15日
東京−鳥羽間に直通夜行1往復を新設。関西本線内では一部の駅を通過した

昭和5年(1930)10月1日
名古屋−鳥羽間に3往復(1往復は東京直通)、名古屋−湊町間に1往復の速達列車を新設。普通列車だが通過駅が多く"快速"と位置づけられる。名古屋−四日市間は最速43分

昭和10年(1935)11月24日
普通列車の速達タイプは湊町系統を2往復に増発。"快速"は鳥羽系統を含め5往復に増強。名古屋−四日市間は最速38分で疾駆。昭和13年の関西急行電鉄(現:近鉄)名古屋乗り入れを意識した施策

昭和18年(1943)10月1日
戦時体制下により普通列車の速達タイプの"快速"は廃止となる

昭和25年(1950)10月1日
名古屋−鳥羽間に快速2往復が復活。名古屋−四日市間は最速43分

昭和34年(1959)7月20日
紀勢本線が7月15日に全通。これに伴うダイヤ改正が7月20日に実施され、名古屋−天王寺間に紀勢本線経由の快速を1往復新設。名古屋−亀山間は快速3往復に

昭和41年(1966)3月10日
SL牽引の鳥羽快速2往復を気動車急行「いすず」に格上げ。1往復は岐阜発着で運転。関西本線名

古屋口から快速列車が消える

昭和44年(1969)10月1日
名古屋都市圏を走る名古屋−亀山間のローカル列車がSL（C57形）からDL（DD51形）牽引に交代。同区間の旅客列車が無煙化される（写真参照）

昭和54年(1979)7月4日
名古屋−八田間の電化が仮開通。名古屋工場の電車試運転線として使用

昭和57年(1982)5月17日
八田（名古屋）−亀山間電化開業。DD51形牽引の客車列車や気動車から電車に交代。113系2000番台を投入し、普通列車は電化前の2〜3時間ごとから1時間ごとに増発。急行「かすが」（名古屋−奈良）1往復を快速に格下げ、同急行は2往復に減少

昭和60年(1985)3月14日
名古屋−奈良間の快速1往復を廃止、関西本線から快速列車がまた消える。急行「かすが」1往復を廃止し同急行は1往復のみとなる。同線用の電車を神領区の113系から大垣区の165系に置き換え

昭和62年(1987)4月1日
国鉄分割民営化、東海旅客鉄道＝JR東海発足

昭和64年／平成元年(1989)3月11日
新型電車213系5000番台（2扉・扉間転換クロスシート）を投入

平成2年(1990)3月10日
関西本線・伊勢本線（伊勢鉄道経由）に気動車快速「みえ」新設、名古屋−松阪間は毎時1往復の運転。特急「南紀」1往復を快速に格下げ「みえ」に統合。朝（上り）・夕（下り）には名古屋−亀山間に213系使用の快速電車も新設（停車駅＝名古屋・蟹江・弥富・桑名・富田・四日市からの各駅）

平成5年(1993)8月1日
快速「みえ」に新型車両キハ75形を投入。線内最高速度を時速120kmにアップ

平成7年(1995)9月1日
名古屋口の輸送力列車に103系の定期運用を新設

平成8年(1996)3月16日
平日の朝上り1本、キハ85系の「ホームライナー四日市」（乗車整理券必要＝四日市→名古屋）を新設

平成11年(1999)12月4日
313系3000番台を投入、213系5000番台は"昼寝"が目立つようになる。165系・103系の運用終了。急行「かすが」（名古屋−奈良）にキハ75形200・300番台を投入しキハ58系と交代。平日朝に快速を増発、ピーク時はホームライナーと合わせ15分ごとに。朝夕の電車快速は桑名から各駅停車になる

平成13年(2001)3月3日
313系3000番台を使用し昼間の列車を中心にワンマン運転を開始

平成18年(2006)3月18日
名古屋口で夜間に桑名までの普通を3本増発、亀山行き3本は快速に格上げ。急行「かすが」廃止。

平成21年(2009)3月14日
名古屋口の快速を増発。従来の「みえ」に加え名古屋−亀山間の普通を快速化し名古屋−四日市間は毎時、昼間は快速2往復体制に（停車駅＝名古屋・桑名・四日市、亀山快速は四日市以遠各停）。同区間には毎時、昼間は普通1往復も増発し、快速2往復・普通2往復の「2・2ダイヤ」が実現。朝夕の快速は区間快速に改称（停車駅＝名古屋・蟹江・弥富・桑名からの各駅）

平成23年(2011)3月12日
快速「みえ」をキハ75形の2連から同4連に増結。「みえ」1往復増発、「ホームライナー四日市」を廃止し快速「みえ2号」に置き換え

平成23年(2011)4月21日
213系5000番台のクハに便所を設置するため、近畿車輛に入場していたH3・H4編成の2本が出場。側扉に半自動用の開閉ボタンも設置。以後、全編成を改造し同年11月27日から順次、飯田線に舞台を移す

平成23年(2011)9月〜10月
211系0番台が大垣車両区から神領車両区へ転属、関西本線でラッシュ時をメインに活躍開始。313系3000番台を313系1300番台に置き換え開始。213系5000番台の運用終了。全車両が3扉車となる

平成24年(2012)3月17日
名古屋−亀山間で313系1300番台が本格運用に就く

関西本線名古屋口のC57 139号機(名)牽引の"さようなら"SL旅客列車。名古屋−八田間　昭和44年9月30日

あとがき

　中部圏のゲートシティ、名古屋市の玄関はＪＲ名古屋駅。同駅は平成28年(2016)5月1日に開業130周年を迎えた。また、同年9月1日は名古屋の鉄道に料金不要の速達列車、現在の"快速"が誕生して120年という節目の日でもあった。

　今やＪＲ東海は"名古屋の電車の雄"。同社の名古屋駅には東海道新幹線のほか、在来線の東海道本線、中央本線(西線)、関西本線が発着。そのシティ電車サービスは高水準のもので、各線とも快速電車を等時隔で運行、時刻表不要のダイヤが売りものだ。

　しかし、国鉄時代はローカル列車の本数が少なく、昭和50年代半ばまでは2扉デッキ付き車両が幅をきかせ、時刻表が必須な"汽車"のイメージが濃かった。その国鉄に旋風を巻き起こしたのが、昭和57年(1982)春に登場した"私鉄風国電"117系である。名古屋地区の東海道本線の快速用として投入され、一般公募により「東海ライナー」の愛称で親しまれ、国鉄を「国電」、さらにはＪＲの「シティ電車」に変身させた国鉄改革の"功労車"だった。

　本書では117系の功績をたたえ、東海の快速列車のメモリアルをまとめてみた。かつて名古屋都市圏の鉄道は私鉄の牙城だったが、昭和62年(1987)4月1日の国鉄分割民営化を境にＪＲも地域の足として重宝がられ、そのサービスは私鉄並みか、それを超えた路線もある。最大のライバル＝名鉄は、快適なクロスシート車や日本初の前面パノラマ式電車「パノラマカー」などで一世を風靡した。しかし、近年の一般車(料金不要)はロングシート車がメインで、誰もが興味を抱く前面展望サービスも後退ぎみ。対するＪＲはクロスシート車が主流で、運転室背面の仕切りガラスもワイドで前方注視が楽しめる。東海道本線では運賃・スピード共ＪＲ優位の区間が多く、逆転現象が見られるようにもなった。

　平成時代、ＪＲを"汽車"と呼ぶ人はいないと思う。それは国鉄末期の厳しさの中で職員全員が一丸となって頑張り、企業改革を進めた成果だ。今やＪＲのシティ電車は新型・新鋭車両に統一されたが、その原点となったのが117系で、そのポリシーは現代の"定番電車"313系へと継承された。

　本書では名古屋都市圏の東海道本線の快速にも117系の導入を提言され、その実現のために精魂を傾けられたＪＲ東海相談役、須田 寛氏から特別寄稿「東海圏の117系の思い出」を頂戴した。須田氏は当時の国鉄名古屋鉄道管理局長、初代ＪＲ東海の社長などを歴任されたが、そのご尽力は、名古屋の国鉄を"汽車から国電・電車へ"と生まれ変わらせたプロの鉄道マンの情熱が感じられる。

　拙書の117系については、"名古屋人がまとめた117系"の感もある。しかし、"本家"関西仕様車の動向や、全車歴なども誌面の許す限り調査した。また、私鉄王＝近鉄を相手に伊勢路のＪＲを活性化させた気動車快速「みえ」の営業施策も紹介した。このほか、ローカル線の快速列車にも活躍し、平成28年(2016)春までに勇退したキハ40系などの第二の舞台、ミャンマーでの活躍ぶりは齊藤幹雄氏からのご寄稿で飾ることができた。

　企画・出版に際しては、ＪＴＢパブリッシングＭＤ事業部編集長の竹知里加子さん、同編集部の大野雅弘さんらに格段のご高配を賜った。また、編集にご協力いただいた塚本雅啓さん、デザイナーの吉田了介さんらに敬意を表し、拙文のむすびとする。

平成28年11月吉日　徳田 耕一

著者プロフィール

徳田耕一【とくだ こういち】

交通ライター、中部地方有数の交通ジャーナリスト。昭和27年(1952)11月1日、名古屋生まれ。半世紀にわたり日本の鉄道を乗り撮り研究し、海外の鉄道も主要国の主要路線に乗る。昭和50年(1975)国鉄全線完乗。平成元年(1989)には鋼索鉄道・索道を除く民鉄全線完乗。旅行業界で活躍した経験もあり、実学を活かし大学や観光系専門学校で観光学の教鞭をとり、鈴鹿国際大学と鈴鹿短期大学では客員教授を務めた。また、旅行業界が縁で菓子業界との関係もでき、観光土産の企画や販路拡大にも活躍。鉄道旅行博士(JTBグループ 旅行地理検定協会認定・称号)、はこだて観光大使(函館市)。

主な著書に『名古屋駅物語 明治・大正・昭和・平成～激動の130年』(交通新聞社)。『名鉄 昭和のロマンスカー』『名鉄電車 昭和ノスタルジー』、『日本のパノラマ展望車』『名鉄 名称列車の軌跡』、『パノラマカー栄光の半世紀』、『ワールドガイド サハリン・カムチャツカ』(以上、JTBパブリッシング)。『近鉄の廃線を歩く』、『名鉄600V線の廃線を歩く』、『名鉄の廃線を歩く』、『名古屋近郊 電車のある風景 今昔』、『名古屋近郊 電車のある風景 今昔Ⅱ』、『名鉄パノラマカー』、『名古屋市電が走った街 今昔』、『台湾の鉄道』、『サハリン』、『ワールドガイド サハリン』(以上、JTB)。『まるごと名古屋の電車 激動の40年』、『まるごと名古屋の電車 昭和の名車たち』、『まるごと名古屋の電車 昭和ロマン』、『まるごと名古屋の電車 ぶらり沿線の旅』名鉄・地下鉄(名市交)ほか編、同JR・近鉄ほか編、『まるごと名古屋の電車 ぶらり旅してここが気になる』(以上、河出書房新社)。『まるごと ぶらり沿線の旅』シリーズ・JR東海・名鉄・近鉄・西鉄の各巻16作(以上、七賢出版・河出書房新社)。『新 産業観光論』(すばる舎・須田 寛氏らと共著)ほか多数。

参考文献
国鉄・JR東海・JR西日本の報道資料、『時刻表』(日本交通公社・JTB・JTBパブリッシング)、『旧型国電50年Ⅰ・Ⅱ』(沢柳健一著・JTBパブリッシング)、『名古屋駅物語 明治・大正・昭和・平成～激動の130年』(拙著・交通新聞社)、『名古屋の電車 昭和の名車たち』(拙著・河出書房新社)、『タイムスリップ飯田線』(笠原 香・塚本雅啓著・大正出版)、『鉄道ピクトリアル』(鉄道図書刊行会)、『鉄道ファン』(交友社)、『鉄道ジャーナル』(鉄道ジャーナル社)、中日新聞・交通新聞ほか

企画・執筆・撮影・構成
徳田耕一

特別寄稿
須田 寛

写真提供
秋元隆良、稲垣光正、加藤弘行、岸 義則、齊藤幹雄、髙橋 脩、塚本雅啓、徳田耕治、中村卓之、福田静二、堀冨孝史、毛呂信昭、村上 昇、若尾 侑

秋元良一(秋元隆良)、大橋邦典(加藤弘行)、倉知満孝、權田 純朗、髙田隆雄(髙田 寛)、髙橋 弘(髙橋 脩)(故人の生前中にネガをお借りし焼付したもの、または親族、所蔵者からお借りしたものを掲載)

特別企画協力
齊藤幹雄

資料提供
朝日新聞社、中日新聞社

編集協力、路線図・形式図など制作
塚本雅啓、西村海香

デザイン・DTP
ブレスデザイン／吉田了介

校正協力
吉津由美子

(以上、個人名は敬称略、五十音順)

※取材・執筆・編集には万全を期しましたが、誤認、誤述もあるかと存じます。皆様からのご指摘、ご指導を賜れれば幸甚です。
(徳田耕一)

キャンブックス
東海の快速列車 117系栄光の物語

著 者　徳田耕一
発行人　秋田 守
発行所　JTBパブリッシング
　　　　〒162-8446 東京都新宿区払方町25-5
　　　　http://www.jtbpublishing.com/

○ 内容についてのお問い合わせは
　JTBパブリッシング
　MD事業部
　☎03・6888・7845

○ 図書のご注文は
　JTBパブリッシング　出版販売部直販課
　☎03・6888・7893

印刷所　祥美印刷

©Koichi Tokuda 2016
禁無断転載・複製 163406
Printed in Japan 374450
ISBN978-4-533-11545-5　C2065

※落丁・乱丁はお取り換えいたします。
◎旅とお出かけ旬情報
http://rurubu.com/

読んで楽しむビジュアル本 キャンブックス

鉄道

- 鉄道廃線跡を歩く I〜X 完結編
- 私鉄の廃線跡を歩く I〜IV
- 全国歴史保存鉄道
- 台湾鉄道の旅
- 世界のLRT
- 遙かなり C56／全国森林鉄道
- 世界のハイスピードトレイン
- 地形図でたどる鉄道史 東日本編
- 地形図でたどる鉄道史 西日本編
- 時刻表でたどる特急・急行史
- 時刻表でたどる夜行列車の歴史
- 時刻表でたどる新幹線発達史
- 時刻表に見る〈国鉄・JR〉電化と複線化発達史
- 時刻表に見る〈国鉄・JR〉列車編成史
- 戦中・戦後の鉄道
- 東京駅歴史探見
- 札幌市電が走る街 今昔
- 山手線ウグイス色の電車 今昔50年
- 中央線オレンジ色の電車 今昔50年
- 都電が走った街 今昔
- 玉電が走った街 今昔 I／II
- 横浜市電が走った街 今昔
- 名古屋市電が走った街 今昔
- 京都市電が走った街 今昔
- 大阪市電が走った街 今昔
- 伊予鉄道が走る街 今昔
- 土佐電鉄が走る街 今昔
- 広電が走る街 今昔
- 長崎「電車」が走る街 今昔
- 熊本市電が走る街 今昔
- 鹿児島市電が走る街 今昔
- 日本の路面電車 I
- 東京 電車のある風景 今昔 I／II
- 名古屋近郊 電車のある風景 今昔 I／II
- 関西 電車のある風景 今昔 I
- 関西 鉄道考古学探見
- 東海道新幹線 改訂新版
- 東海道線黄金時代 電車特急と航空機
- 山陽新幹線／山陽鉄道物語
- ジョイフルトレイン図鑑
- 関西新快速物語
- 伊豆急50年のあゆみ
- 小田急山線125年の軌跡
- 箱根登山鉄道125年のあゆみ
- 小田急の駅 今昔・昭和の面影
- 京急の駅 今昔・昭和の面影
- 京急1000形 半世紀のあゆみ
- 京急の車両
- 京急クロスシート車の系譜
- 京急電車の運転と車両探見
- 京成電車120年の軌跡
- 総武線120年のあゆみ
- 東急ステンレスカーのあゆみ
- 東急電車まるごと探見
- 西武鉄道まるごと探見
- 京王電鉄まるごと探見
- 武蔵野線まるごと探見
- 大手私鉄比較探見
- 関東私鉄比較探見 東日本編／西日本編
- 関西私鉄比較探見
- 名鉄 名称列車の軌跡
- 名鉄パノラマカー
- パノラマカー栄光の半世紀
- 日本のパノラマ展望車
- 名鉄の路線を歩く
- 名鉄600V線の廃線を歩く
- 名鉄電車 昭和ノスタルジー
- 名鉄昭和のスーパーロマンスカー
- 国鉄・JR関西圏近郊電車発達史
- 昭和30年代の鉄道風景
- 小田急通勤型電車のあゆみ
- 近鉄特急 上／下
- 近鉄の廃線を歩く
- 近鉄電車／阪急電車
- 阪神電車／南海電車
- 琴電・100年電車の楽園
- 琴電100年のあゆみ
- キハ47物語／キハ58物語
- キハ82物語
- DD51物語
- 711系物語／415系物語
- 485系物語／103系物語
- 111・113系物語／205系物語
- 115系物語
- 国鉄特急電車物語 新性能電車編
- 国鉄特急電車物語 旧性能電車編
- 国鉄急行電車物語 直流電車編
- 寝台急行「銀河」物語
- ブルートレイン
- 日本の電車物語
- 九州の電車物語
- 幻の国鉄車両／旧型国電50年 II
- ローカル私鉄車輌20年
- 国鉄鋼製客車 I／II
- 国鉄・JR特急列車100年
- 国鉄・JR悲運の車両たち
- 国鉄準急列車物語
- 国鉄連絡船細見
- 鉄道博物館
- 全国鉄道博物館 東日本編／西日本編／路面電車・中小私鉄編
- 軽便鉄道時代
- 時刻表1000号物語
- 永遠の蒸気機関車 Cの時代
- 鉄道メカニズム探究
- 知られざる鉄道決定版
- 国鉄JR関西圏近郊電車発達史
- 昭和30年代の鉄道風景
- 小田急通勤型電車のあゆみ
- 相模鉄道
- 東海道新幹線50年の軌跡
- 西鉄電車 特急電車から高速バス路線バスまで
- 京浜東北線100年の軌跡
- 上野発の夜行列車・名列車
- 最後の国鉄直流型電車
- 東武電車
- さよなら急行列車
- 関西発の名列車
- 〈キャンDVDブックス〉 山陽最急行からトワイライトエクスプレスまで
- 京急おもしろ運転徹底探見
- 東急おもしろ運転徹底探見
- 小田急おもしろ運転徹底探見
- 黒岩保美 蒸気機関車の世界
- 追憶 新幹線0系
- SLばんえつ物語号の旅
- 西の鉄路を駆け抜けた ブルートレイン&583系
- ③本州編（其の弐）・九州編
- ②本州編（其の壱）
- ①北海道編

交通

- 絵葉書に見る交通風俗史
- 横浜大桟橋物語
- YS-11物語
- 747ジャンボ物語

るるぶの書棚　http://rurubu.com/book/
TEL 03-6888-7893　FAX 03-6888-7823

117系のカラーバリエーション

昭和54年(1979)に先行製作された"本家"関西仕様車のオリジナル塗装。クリームの地色にマルーンの帯を配した斬新な塗装で、モハ52形や戦後の80系湘南形で採用された関西の「急電」を連想させる。昭和57年(1982)に投入された名古屋都市圏の117系も同じ塗装で、1段下降窓の増備車の100番台・200番台では塗り分けの一部が微妙に異なる。

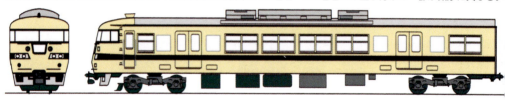

東海道本線・山陽本線で活躍した117系の一部は221系の登場で、平成2年(1990)から福知山線(愛称はJR宝塚線)の快速を担当することとなり、アイボリーの地色にグリーンの帯を巻いた"福知山色"に塗り替えられた。塗り替え過渡期には東海道本線・山陽本線でも"福知山色"の117系が走っていた。

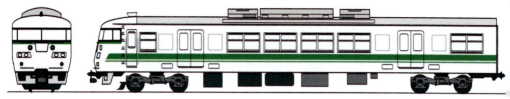

平成4年(1992)から岡山地区の快速「サンライナー」に使用するため117系の一部が転属し、アイボリーの地色の裾部に赤・オレンジ・黄色の帯を重ねた塗装になった。側面と先頭車の正面には「サンライナー」のロゴマークと、側面には色の変化を表すデザインも採用された。

平成12年(2000)には和歌山線にも使用範囲が広がり、"福知山色"の117系が転属。翌年からは紀勢本線でも使用され、車体色はオーシャングリーンにラズベリー色(淡い赤紫色)の帯を配したものに順次変更された。側面の帯は太さの異なる2本だが、正面だけはその下に1本追加して帯が3本になっている。

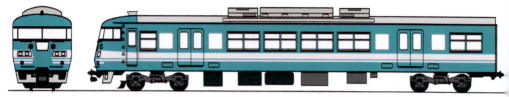

地域別車体塗色1色化で京都総合車両所に所属する117系も平成24年(2012)から塗り替えが開始された。京都地区の車体色はモスグリーンのモノトーン。地域別車体塗色1色化は117系だけではなく、同所に所属する113系もモスグリーンの車体色をまとっている。

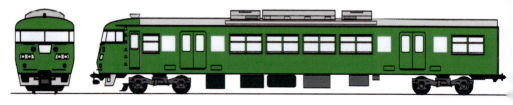

17系の地域別車体塗色1色化によるトップは平成22年(2010)の岡山電車区配置車だった。車体
で、117系以外の電車にも塗り替えがおよんでいる。地域別車体塗色1色化の黄色は岡山地区だけ
地区も同じ車体色の電車が登場している。

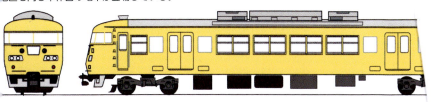

歌山地区の地域別車体塗色1色化は青緑色で、以前のオーシャングリーンと見た目はほとんど変化は
泉で使用するためワンマン化改造が施されているが、車体色に影響は出ていない。

JR東海に引き継がれた117系は、淡いクリームの地色に同社のコーポレートカラーのオレンジの帯を
に変更されることとなり、平成元年(1989)夏に試験塗装車が登場した。かつてのマルーンの帯からオレン
こものである。同塗装では雨樋にも細いオレンジ帯が塗られた。

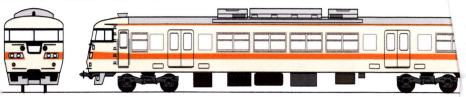

平成元年(1989)秋には、試験塗装車をベースにした"決定版"が登場。この塗装では側面窓下部の帯を幅225mm
とし、前面帯をやや太くした。雨樋の細いオレンジ帯がアクセントになっていた。

平成元年の新塗装では太さが異なる2本のオレンジの帯だったが、これをより太い1本にし、雨樋の細いオレン
を消し、車体の地色をアイボリーホワイトに変更した塗装が平成12年(2000)に登場。これに先立ち、平成6年(19
からは台車や床下機器を黒から明るいグレーに変更した。

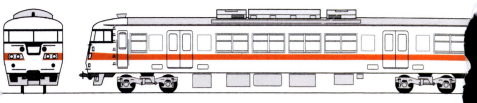

ジ帯
)4)